경북의 종가문화 37

송백의 지조와 지란의 문향으로 일군 명가,
구미 구암 김취문 종가

기획 | 경상북도 · 경북대학교 영남문화연구원
지은이 | 김학수
펴낸이 | 오정혜
펴낸곳 | 예문서원

편집 | 유미희
디자인 | 김세연
인쇄 및 제본 | 주) 상지사 P&B

초판 1쇄 | 2016년 5월 10일

주소 | 서울시 성북구 안암로 9길 13(안암동 4가) 4층
출판등록 | 1993년 1월 7일(제307-2010-51호)
전화 | 925-5914 / 팩스 | 929-2285
홈페이지 | http://www.yemoon.com
이메일 | yemoonsw@empas.com

ISBN 978-89-7646-351-7 04980
ISBN 978-89-7646-348-7 (전6권) 04980
ⓒ 경상북도 2016 Printed in Seoul, Korea

값 22,000원

송백의 지조와 지란의 문향으로 일군 명가,
구미 구암 김취문 종가

경북의 종가문화 연구진

연구책임자   정우락(경북대 국문학과)

공동연구원   황위주(경북대 한문학과)
             조재모(경북대 건축하부)

종가선정위원장 황위주(경북대 한문학과)

종가선정위원   이수환(영남대 역사학과)
             홍원식(계명대 철학윤리학과)
             정명섭(경북대 건축학부)
             배영동(안동대 민속학과)
             이세동(경북대 중문학과)

종가연구팀   이상민(영남문화연구원 연구원)
             김위경(영남문화연구원 연구원)
             최은주(영남문화연구원 연구원)
             이재현(영남문화연구원 연구원)
             김대중(영남문화연구원 연구보조원)
             전설련(영남문화연구원 연구보조원)

경상북도에서 『경북의 종가문화』 시리즈 발간사업을 시작한 이래, 그간 많은 분들의 노고에 힘입어 어느새 40권의 책자가 발간되었습니다. 본 사업은 더 늦기 전에 지역의 종가문화를 기록으로 남겨 후세에 전해야 한다는 절박함에서 시작되었습니다. 비로소 그 성과물이 하나하나 결실로 맺어져 지역을 대표하는 문화자산으로 자리 잡아가고 있어 300만 도민의 한 사람으로서 무척 보람되게 생각합니다.

올해는 경상북도 신청사가 안동·예천 지역으로 새로운 보금자리를 마련하여 이전한 역사적인 해입니다. 경북이 새롭게 도약하는 중요한 시기에 전통문화를 통해 우리의 정체성을 되짚어 보고, 앞으로 나아갈 방향을 모색해 보는 것은 매우 의미 있는 일이라고 생각합니다. 그 전통문화의 중심에는 종가宗家가 있습니다. 우리 도에는 240여 개소에 달하는 종가가 고유의 문화를 온전히 지켜오고 있어 우리나라 종가문화의 보고寶庫라고 해도 과언이 아닙니다.

하지만 최근 산업화와 종손·종부의 고령화 등으로 인해 종가문화는 급격히 훼손·소멸되고 있는 실정입니다. 이에 경상북도에서는 종가문화를 보존·활용하고 발전적으로 계승하기 위해 2009년부터 '종가문화 명품화 사업'을 추진해 오고 있습니다. 그간 체계적인 학술조사 및 연구를 통해 관련 인프라를 구축하고, 명품 브랜드화 하는 등 향후 발전 가능성을 모색하기 위해 노력하고 있습니다.

경북대학교 영남문화연구원을 통해 2010년부터 추진하고 있는 『경북의 종가문화』 시리즈 발간도 이러한 사업의 일환입니다. 도내 종가를 대상으로 현재까지 『경북의 종가문화』 시리즈 40권을 발간하였으며, 발간 이후 관계문중은 물론 일반인들로부터 큰 호응을 얻고 있습니다. 이들 시리즈는 종가의 입지조건과 형성과정, 역사, 종가의 의례 및 생활문화, 건축문화, 종손과 종부의 일상과 가풍의 전승 등을 토대로 하여 일반인들이 쉽고 재미있게 읽을 수 있는 교양서 형태의 책자 및 영상물(DVD)로 제작되었습니다. 내용면에 있어서도 철저한 현장조사를 바탕으로 관련분야 전문가들이 각기 집필함으로써 종가별 특징을 부각시키고자 노력하였습니다.

이러한 노력으로, 금년에는 「안동 고성이씨 종가」, 「안동 정재 류치명 종가」, 「구미 구암 김취문 종가」, 「성주 완석정 이언영 종가」, 「예천 초간 권문해 종가」, 「현풍 한훤당 김굉필 종가」 등 6곳의 종가를 대상으로 시리즈 6권을 발간하게 되었습니다. 비록 시간과 예산상의 제약으로 말미암아 몇몇 종가에 한정하여 진행하고 있으나, 앞으로 도내 100개 종가를 목표로 연차 추진해 나갈 계획입니다. 종가관련 자료의 기록화를 통해 종가문화 보존 및 활용을 위한 기초자료를 제공함은 물론, 일반인들에게 우리 전통문화의 소중함과 우수성을 알리는 데 크게 도움이 될 것으로 확신합니다.

　현 정부에서는 문화정책 기조로서 '문화융성'을 표방하고 우리문화를 세계에 알리는 대표적 사례로서 종가문화에 주목하고 있으며, '창조경제'의 핵심 아이콘으로서 전통문화의 가치가 새롭게 조명되고 있습니다. 그 바탕에는 수백 년 동안 종가문화를 올곧이 지켜온 종문宗門의 숨은 저력이 있었음을 깊이 되새기고, 이러한 정신이 경북의 혼으로 승화되어 세계적인 정신문화로 발전해 나가길 진심으로 바라는 바입니다.

　앞으로 경상북도에서는 종가문화에 대한 지속적인 조사·연구 추진과 더불어, 종가의 보존관리 및 활용방안을 모색하는데 적극 노력해 나갈 것을 약속드립니다. 이를 통해 전통문화를 소중히 지켜 오신 종손·종부님들의 자긍심을 고취시키고, 나아가 종가문화를 한국의 대표적인 고품격 한류韓流 자원으로 정착시키기 위해 더욱 힘써 나갈 계획입니다.

　끝으로 이 사업을 위해 애쓰신 정우락 경북대학교 영남문화연구원장님과 여러 연구원 여러분, 그리고 집필자 분들의 노고에 진심으로 감사드립니다. 아울러, 각별한 관심을 갖고 적극적으로 협조해 주신 종손·종부님께도 감사의 말씀을 드립니다.

2016년 3월 일

경상북도지사 김관용

인간의 말과 행동이 시대정신에 충실하고 진정성을 지닐 때 그 사람의 말은 법언法言이 되고, 행동은 시대의 본보기가 된다. 화의군和義君 김기金起(1359-1425)가 불사이군의 충절을 지키기 위해 선산 땅으로 내려왔을 때 사람들은 '의리義理'가 왜 중요한 지를 깨닫게 되었고, 김제金磾가 화려한 서울생활을 철거하고 선산 고남古南에 터를 잡았을 때 '물러섬'의 지혜와 미덕이 무엇인지를 알아차릴 수 있었다. 이들의 행동은 일신의 성명性命과 일가의 명운命運을 담보한 고뇌에 찬 결단이었기에 개인의 성향을 넘어 집안을 유지하는 준엄한 가풍이 되었다.

구암久庵 김취문金就文(1509-1570)이 송당의 문하에서 배운 것은 지식만이 아니었다. 그가 스승 박영朴英으로부터 배운 학문의 정수는 송백松柏과 같은 선비의 맑고 깨끗한 지조였고, 여기에 세상과 인간에 대한 사랑을 강조했던 백형 진락당眞樂堂 김취성金就成(1492-1551)의 가르침이 더해지면서 김취문金就文은 시대가 주목하는 인재로 성장할 수 있었다.

하은주夏殷周 삼대의 사업事業을 갈망했던 서산재西山齋에서의 원대한 포부는 문과시험 답안지에서 거침없는 필치로 구사되었다. 그가 조선의 동중서가 되어 품격을 갖춘 나라를 디자인하고 싶어했을 때 이 땅에는 서기瑞氣가 뭉게뭉게 피어오르는 듯했다.

하지만 세상살이는 결코 녹록한 것이 아니었다. 온 나라의 모든 것을 결정하는 '엘리트집단'의 생리는 더욱 그러했다. 김취문의 곧고 바른 말은 임금과 동료들의 귀를 불편하게 했고, 그런 만큼 그의 위치는 중앙에서 멀어져만 갔다. 탁월한 식견과 재능에도 불구하고 지방직으로 밀려났지만 조금의 불평도 없었다. 오히려 그는 중앙정부와 멀어질수록 나라사랑의 마음은 커져갔고, 관료로서의 자기관리에도 철저했다. 그 결과로 주어진 염근리廉謹吏의 칭호는 전혀 새삼스런 것이 아니었다. 선조임금 치세의 시작은 그의 온축蘊蓄된 경륜을 펼칠 수 있는 기회가 되었지만, 홍문관부제학 임명장을 영혼으로 맞았을 때 사람들은 그의 불운한 관료적 삶을 안타까워했다. 하지만 진정으로 안타까운 것은 맑고 깨끗한 인재의 뛰어난 경륜을 적용할 수 있는 기회를 놓쳐버린 조선의 미래였다.

조선은 주자학朱子學을 통치 이념으로 내세운 문치주의文治主義 국가였다. 문치는 지식기반사회를 촉진하는 법이고, 그 사회의 주된 구성원인 사대부는 지식노동에 종사하기를 열망한다. 과거를 보더라도 문과를 절대적으로 선호하는 것도 이 때문이다.

비록 김취문 자신은 부모님의 바람에 따라 학자의 길을 걸었고, 과거도 문과를 택해 문신의 지위에 올랐지만 조선의 안정과 발전을 위해서는 문무의 조화가 절실함을 잘 알고 있었다. 큰아들이 태어났을 때 '나라의 간성이 되어라'는 뜻을 담은 '종무宗武'라는 이름을 지어준 것도 그런 심려의 결과였다. 아버지의 바람 때문이었을까. 종무는 임진왜란 때 상주 북천에서 장렬하게 최후를 맞음으로써 학자집안으로 통하던 구암가문에 충렬의 자긍심을 더해 주었다.

명가는 결코 하루아침에 만들어지는 것이 아니고, 또 일순간에 생명을 다하는 것도 아니다. 구암종가는 임진왜란의 소용돌이에 빠져 극도의 참상을 겪으면서도 다시 일어서는 인내와 저력을 보여주었다. 부모를 잃고 의지할 곳 없던 김공이 외가가 있던 하회로 갈 때만 해도 구암종가의 미래는 어두워 보였지만 그가 우뚝한 학자로 성장하여 영남학계를 리드했을 때 사람들은 구암가문의 저력에 박수를 보냈다.

김공의 학문·사회적 성장은 구암종가와 구암가문 모두 예전의 명성을 회복하는 계기가 되었지만 시련은 엉뚱한 곳에 다시금 도사리고 있었다. 어찌 보면 그것은 전란보다 무서운 시련일 수도 있었다. '천하명당' 욕담공浴潭公의 산소 수호를 위해 손자 상원이 연산으로 이주했을 때 구암종가 사람들은 이제 들성 사람이 아니었다. 가난 속에서도 학문과 행신을 통해 선비집안의 풍모를 지키기 위해 안간힘을 썼지만 거기에도 한계가 있었다.

연산으로 이거한 지 5~6대가 지났을 때는 종가의 책무이자 자존심이라 할 수 있는 '봉제사'와 '접빈객'을 행할 여력조차 남지 않았다. 이때 그들이 선택한 것은 '구암공 불천위'의 매안이었다. 이것은 '명예자진名譽自盡'이었다. 종가가 이토록 어려움에 처했을 때도 일부 지손들은 금오산 자락에 백운재白雲齋를 건립하여 '구암정신'을 현창했고, 낙봉서원洛峯書院의 사액과 구암공의 시호를 위해 골몰했다. 그럼에도 극한의 상황에 처한 종가의 구호를 등한시했던 까닭은 무엇일까? 이 한 책을 다 쓰고도 의문이 풀리지 않는 것은 필자의 역량 부족 때문만은 아닐 것이다.

마지막으로 이 책을 집필할 수 있도록 배려해주신 경상북도, 그리고 책을 쓰는 동안 많은 자료를 수집하여 제공해 준 경북대학교 영남문화연구원 종가연구팀에게 깊은 감사의 마음을 전한다.

2016년 1월
김학수

차례

제1장 입지조건과 형성과정

1. 자연 및 인문 환경:
장풍藏風과 득수得水의 조화가 빚은
반룡형盤龍形의 길지吉地

    천시天時가 지리만 못하고, 지리地利가 인화人和만 못하다는 말이 있는데, 선산김씨 구암가문의 세거지 들성坪城 마을은 지리와 인화를 두루 갖춘 복지福地였다. 예로부터 한국인들은 주거지를 택할 때 풍수를 꼼꼼하게 따지는 관행이 있었다. 아마도 그것은 자연과 인간의 조화를 중시했던 인문적 의식의 소산일 것이다. 그런 탓에 웬만한 한국의 명촌名村들은 저마다 지리적 조건이 뛰어난 곳에 자리하고 있는데, 들성 또한 조선시대 양반들이 가거지로서 선호할 만한 풍수상의 조건을 두루 갖춘 길지였다.

    들성은 백두대간의 한 갈래인 금오산金烏山을 조산으로, 마을의 뒷산인 청룡산靑龍山을 주산으로, 앞산인 당산堂山을 안산으로 삼아 장풍藏風의 조건을 아우른 반룡盤龍 형국의 길지였다.

더구나 마을 아래쪽에 위치한 호지는 들성의 풍수적 완전성을 담보하는 요소였을 뿐만 아니라, 연화들과 팔계원을 옥토로 만들어 주는 천혜의 관개시설이었다. 일명 '여우못'으로 불리는 호지狐池는 조선 초기에 축조되었는데, 관개 면적이 약 200만 평에 달했다. 당시로서는 초대형 저수지로서 상주의 공검지恭儉池 외에 경상도에서 호지보다 큰 저수지는 없었다고 한다. '못 안 백성들은 부유한데, 관개 시설의 이득을 많이 보기 때문이다.'라고 한 『일선지一善誌』의 기사는 들성의 경제적 풍요와 관련하여 시사하는 바가 크다.

이처럼 들성과 호지는 불가분의 관계에 있었기 때문에 예로부터 주민들은 여우를 신성시했다고 한다. 들성의 토템이 여우인 까닭도 여기에 있다. 그리하여 정월 대보름이면 못 둑의 팽나무 아래에서 못제를 지내고, 사월 초파일에는 마을의 앞산에서 '여우당제'를 지냈다.

결국 들성은 천혜의 자연환경과 물산의 풍부함을 아우른 영남에서도 드문 길지의 하나였고, 여기에 뛰어난 인문성을 지닌 인간을 받아들임으로써 자연과 인간이 조화를 이루는 삶의 터전으로 주목을 받을 수 있었다. 1920~40년대에 활동한 일본의 학자 선생영조善生永助가 경상도의 주요 반촌班村으로 65개 마을을 제시하면서 선산을 대표하는 양반마을로 들성과 해평海坪을 꼽은

것을 보면 들성마을의 역사적 의미와 비중을 짐작하기는 어렵지
않다.

2. 선산 입향

1) 구암가문의 연혁:
학學 · 덕德 · 행行을 갖춘 천년세족千年世族

고려의 상서령 김추金錘를 시조로 하는 구암가문은 선산의 대표적 토성 가문이었다. 이들은 일선김씨, 선산임씨, 해평김씨, 해평윤씨, 해평길씨 등 선산을 본관으로 하는 다른 성받이들과 함께 금오산으로 상징되는 '선산문화善山文化'의 기틀을 다진 선구자들이었다. '조선 인재의 절반이 영남에 있고, 영남 인재의 절반이 선산에 있다.'라는 말도 이들 집안들이 뿌려 놓은 학술문화적 씨앗의 소담스런 결실이었다.

유구한 전통을 지닌 선산의 토성 집안 가운데 14세기~19세기에 이르는 500년의 세월 동안 시대정신에 부응함은 물론 자신들만의 독특한 가풍을 계승·발전시키며 명가로서의 위치를 굳건하게 유지한 대표적 집안은 김취문을 종조宗祖로 하는 선산김씨 구암가문이었다.

　　'적선지가積善之家 필유여경必有餘慶'이라 했던가. 선을 쌓은 집안에는 반드시 남은 경사가 있다는 말이다. 김취문이 사림시대의 현인賢人으로 일컬어지고 국가사회적 기림의 대상이 될 수 있었던 것은 개인의 뛰어난 학문과 행실을 넘어 수백 년 동안 온축된 집안의 저력이 있었기 때문이었다.

　　구암가문의 선대는 일찍부터 상경종사의 길을 걸었고, 고려시대를 거치는 동안 수많은 문인·관료를 배출하며 사환가문으로서의 입지를 반듯하게 세웠다. 관직의 유지는 인적 연계망의 확대와 함께 고급의 문화 및 정보의 흡수 과정이라는 점에서 개인의 출세를 넘어 양질의 가풍 조성에 중요한 영향을 미쳤다. 특히 벼슬살이 과정에서 영위했던 도회문화都會文化는 일문의 시야를 확대하고 안목을 더욱 세련되게 했다.

　　구암가문의 선대는 1세에서 20세에 이르기까지 한 대도 거르지 않고 관함을 보유하는 놀라운 이력을 지녔다.

【선산김씨 가계도 : 구암가문의 선대】

추錘
상서령尙書令 일선군一善君 →

천遷
문하시중門下侍中 →

봉문奉門
형부원외랑刑部員外郎 →

→ 숙塾
공부상서工部尙書 →

지濾
이부시랑吏部侍郎 →

미연薇然
한림학사翰林學士 →

→ 주疇
예부시랑禮部侍郎 →

선공善公
병부상서兵部尙書 →

숭崧
문하시중門下侍中 →

→ 의화誼和
지추밀원사知樞密院事 →

인선印宣
판지자혜원사判知慈惠院事 →

회會
판삼사사判三司事 →

→ 신정莘鼎
향공진사鄕貢進士 →

열烈
검교신호위영동정
檢校神虎衛令同正 →

승昇
학정學正 →

→ 문文
검교중랑장檢校中郎將 →

성원成元
서운정瑞雲正 →

기起
화의군和義君 →

→ 가명可銘
김산군사金山郡事 →

유찬有瓚
정평도호부사定平都護府使 →

제碑
내금위內禁衛

이 가운데 김선공金善公 · 김숭金崧 · 김의화金誼和 3대는 한림학사 · 문하시중 · 지추밀원사 등 중앙의 청요직을 지냈을 뿐만 아니라, 각기 문순文順 · 문의文義 · 문열文烈의 시호까지 받았다. 이로써 선산김씨는 고려의 기득권층에 확실하게 편입되어 갔고, 도회생활을 통해 고급의 문화를 수용하여 안락하면서도 격조로운 삶을 향유할 수 있었던 것이다.

하지만 이들도 고려에서 조선으로의 왕조 교체라는 역사의 격변을 피해갈 수는 없었다. 어떤 형태로든 자신들의 입장을 정리해야 하는 기로에서 이들이 택한 것은 낙향이었다. 낙향에 따른 은거는 모든 기득권의 포기를 의미했지만 그것은 '의리義理'와 '충절忠節'이라는 큰 명예를 안겨주었다. 여말선초 격동의 시대에 선택을 강요받으며 현실적 이해보다는 정신적 가치를 추구하며 집안의 가풍을 '학문'과 '절의' 쪽으로 선회시킨 사람은 김취문의 5대조 김기金起였다.

김기는 공민왕조에 벼슬하여 광주목사를 지내고 화의군和義君에 봉해질 만큼 현달한 사람이었다. 사대부 집안의 자제로 태어나 양질의 교육을 받은 그는 집안의 전통에 따라 개성에 삶의 터전을 두었고, 선대로부터 물려받은 세업은 유족한 삶을 누리기에 부족함이 없었다. 하지만 그는 이성계의 역성혁명 직후 모든 영욕을 마다하고 고향 선산으로 낙향하여 야인처럼 살다 1425년(세종 7) 67세의 나이로 삶을 마감했다. 도회문화에 익숙했던 그에게 '고향살이'는 많은 불편함이 따랐지만, 진정성에 바탕한 자정自靖과 인고忍苦의 세월은 그를 정몽주·길재에 버금가는 충신절사忠臣節士의 반열에 올려 놓았다. 특히 그가 몸소 실천했던 충절은 준엄한 가법이 되어 후손들의 뇌리 속에 각인되면서 명가의 전통을 일구는 자양분이 되었다. 그가 선산김씨 구암가문의 구성원들로부터 무한한 추모의 대상이 된 이유도 여기에 있었다.

김기의 아들 김가명金可銘은 생원시에 장원한 수재로서 조선조에 벼슬하여 김산군사金山郡事를 지냈다. 그의 출사는 수절의 시대를 마감하고 새로운 시작을 의미하는 것처럼 보였지만 실상은 그렇지 못했다. 그가 뛰어난 재능과 강력한 처가의 배경에도 불구하고 현달하지 못했던 데에는 그만한 곡절이 있었다. 김가명의 처부 심효생沈孝生(1349-1398)은 태조가 신임했던 관료로서 세자 방석을 사위로 맞을 만큼 건국 초기 권력의 중심부에 존재했고, 정도전鄭道傳과는 정치적 운명을 함께 했다. 그는 예문관 대제학을 지내고 부성군富城君에 봉해지는 등 복록이 두터웠지만 1398년 제1차 왕자의 난 때 방석芳碩 일파로 지목되어 죽임을 당하고 집안도 파탄이 났다. 즉, 김가명은 당대의 권력가 심효생의 사위이자 한때 왕권의 계승자로 대두되었던 방석과는 동서간이라는 점에서 척연에 따른 사회적 기반이 견고했지만 처가의 정치적 몰락이 그의 앞날에 어두운 그림자를 드리우고 말았던 것이다. 어찌 보면 권력투쟁의 틈바구니에서 성명性命을 보전할 수 있었던 것만도 천운이라 할 수 있었다. 아들 김유찬金有瓚이 문과를 포기하고 무과를 통해 발신한 것에서는 정치적 시련에 따른 후유증의 흔적이 남아 있었지만 세종조에 좌의정을 지낸 신개申槪(1374-1446)를 사위로 맞은 것을 보면 가세의 회복은 비교적 빨랐던 것 같다. 신개는 자신의 현달은 물론 후손들도 매우 번창하여 선산김씨로서는 무척 자랑스런 외손이 아닐 수 없었다. 신개의 아들 신자준申自準·자승自繩은 각기 관찰사와 대사성을 지낼 만큼 관료적 성취가 높았고, 손자 신말평申末平(1452-1509)은 세조의 브레인 권람權擥의 사위가 되어 영화를 누렸다. 이조판서를 지낸 증손 신상申鏛(1480-1530)은 무오·기묘사화 때 공정한 논의를 펼쳐 사림의 신망이 깊은 인물이었다. 임진왜란 때 충주 탄금대에서 순국한 신립申砬(1546-1592)은 그의 손자였고, 원종비元宗妃 인헌왕후仁獻王后의 아버지인 구사맹具思孟(1531-1604)은 손서였다. 신립의 아들과 조카들은 인조반정에 참여하여 서인정권의 심장부를 이루었으며, 구사맹 일가는 인조의 외가로서 막강한 정치적 영향력을 행사했다. 후일 서인을 표방했던 김취문의 차자 김종유 계통이 이들을 정치·사회적 의지처로 삼을 수 있었던 것도 척연에 따른 세의가 있었기 때문이다.

　유찬의 아들 제磾는 임금을 호위하는 내금위內禁衛를 지냈는데, 이 직책은 권세가 있는 집안의 자제들을 등용하는 요직의 하나였다. 모르긴 해도 김제는 도호부사를 지낸 아버지의 후광과

망우정

정승의 반열에 오른 고모부 신개의 후원 속에서 임금을 호위하는
자리에 서게 된 것 같다.

　　김제는 고위 관직을 지내지는 못했지만 집안의 사환전통을
착실히 이어나가는 가운데 슬하에 3남 3녀를 둠으로써 족세를 크
게 확대할 수 있는 바탕을 마련했다. 장자 광필匡弼(1462-1511)은
부사직을 지냈고, 충순위를 지낸 차자 광보匡輔(1464-1533)는 뜻이
넓고 사람됨이 중후하여 주변의 신망이 높았다. 3자 광좌匡佐
(1466-1545)는 벼슬이 충무위에 그쳤지만 '들성김씨'의 역사적 발
전에 있어 추동력이 되었다는 점에서 매우 중요한 입지를 지니고

있었는데, 그 아들이 곧 구암 김취문이다.

여기서 한가지 첨언하자면, 김제의 맏사위는 곽승화郭承華라는 선비였다. 진사 출신인 그는 점필재佔畢齋 김종직金宗直의 문하에서 수학하여 사림파 학자로 명성이 높았다. 즉, 김제 자신은 무관이었지만 '공부하는 선비'를 사위로 맞음으로써 문무가 조화를 이루는 집안을 만들어갔던 것이다. 곽승화는 임진왜란 당시 백전백승의 전공을 수립한 홍의장군紅衣將軍 곽재우郭再祐(1552-1617)의 고조가 된다.

2) 선산입향의 유래: 청절淸節을 위해 고행苦行을 자처하다

본디 '선산 토박이'였던 구암가문의 선대가 개성에서의 오랜 사환 생활을 마감하고 고향으로 회귀한 것은 김취문의 5대조인 김기 때였다. 사실 그가 선산을 낙향처로 삼은 것은 처가 때문이었다. 그의 처가는 일선김씨로 처부는 김원로金元老였다. 전통적으로 선산의 읍치를 장악하고 있었던 일선김씨는 여러 성받이 중에서도 족세가 가장 강성했다. 이 가운데 사족의 길을 걸은 일부 계통은 점차 고을의 외곽으로 터전을 옮겨갔는데, 선산 북쪽의 주아에 세거했던 김기의 처가가 여기에 속했다.

김원로는 무반직인 보승낭장保勝郎將에 그쳤지만 두 아들은 고려의 충신으로 이름이 높았다. 큰아들 김주金澍는 선위사宣慰使

산촌

로 중국에 갔다가 귀국 도중 역성혁명의 소식을 듣고는 다시 중
국으로 돌아가 끝내 돌아오지 않았고, 평해지군平海知郡을 지낸
작은아들 김제金濟 또한 혁명 이후 바다로 나간 뒤 소식이 끊어
졌다.

　　결국 김기는 두 처남과 함께 불사이군의 충절을 지킴으로써
험난한 운명을 맞았지만 그의 수난사는 야은 길재와 함께 금오산
절의정신의 결정체結晶體로서 선산이 '절의지향節義之鄕'으로 예
칭되는 원동력이 되었다.

　　처가고을로의 이주는 사회경제적 수혜의 과정이었고, 처가

의 보호와 지원 속에 수선산修善山 자락의 깊은 골짜기인 '산촌山村'에 정착하여 '선산살이'를 시작했다. 산촌에서의 생활은 손자 유찬에 이르기까지 3대 동안 지속된 것으로 추정될 뿐 뚜렷한 흔적은 남아 있지 않다. 그도 그럴 것이, 아들 가명은 김산군사, 손자 유찬은 정평도호부사를 지냈지만 이때만 해도 낙향 초기였던 데다 2~3대 동안 외아들로 이어지면서 가세 또한 미약했기 때문이다.

다만, 김가명은 김산군사를 지내기 전에 사마시에 입격했던 것으로 보아 학식이 있었던 것 같고, 효성 또한 지극했다. 그는 부모가 연로하자 좋은 묘소를 마련하기 위해 10년을 부심했건만 길지를 구하지 못해 애를 태웠다. 그러던 중 어느 해 섣달 그믐날 밤에 홀연히 옥성玉聲이 들리는 것이 아닌가. 그는 무엇에 홀린 듯 소리가 들리는 곳으로 갔고, 거기가 바로 명당임을 직감할 수 있었다. 화의군과 일선김씨 내외가 영면하고 있는 하송산下松山 임좌壬坐가 바로 그곳인데, 세상에서는 옥녀산발형玉女散髮形의 명당으로 일컬어지고 있다.

가명의 아들 유찬은 비록 무과지만 과거를 거쳐 정평도호부사를 지낸 당당한 관료였다. 특히 그는 김종서金宗瑞를 도와 국초의 북방 평정에 공로가 컸고, 단종 때는 이징옥李澄玉의 반란을 진압하는 데 기여하여 정난원종공신靖難原從功臣에 녹훈되기도 했다. 어떤 측면에서 그는 훈구세력이라 할 수 있었고, 생활의 기반

북면 산촌 → 동면 고남 → 남면 들성

도 서울에 있었을 가능성이 컸다. 그가 활동하던 시기의 선산 '산촌'은 고향마을에 지나지 않았던 것이다. 김유찬의 서울 생활 흔적은 아들 김제金磾가 '서울 태생'이란 것에서도 확인할 수 있다. 아버지와 마찬가지로 김제 또한 한동안 서울에 살며 사환을 지내다 정치적 혼란을 피해 낙향을 결심하였다. 이때 그가 정착한 곳은 '산촌'이 아니라 선산의 동남부에 위치한 고남리古南里였고, 그 시기는 1474년(성종 5)이었다. 구암가문의 역사로 볼 때, 김제의 고남 정착은 제2차 입향의 의미를 담고 있다.

　이런 가운데 김제의 차남 광보와 3남 광좌가 각기 남면의 도량과 들성坪城으로 이거함으로써 이주 활동은 대를 이어 활발하게 진행되었다. 주거의 이동과 확산은 세거 기반의 확대인 동시에 김씨 일문의 사회경제적 기반의 신장을 의미했다. 김기의 입향 이후 약 100년의 세월을 거치면서 선산김씨는 선산 전역으로 세거의 외연을 확대하며 자신들에게 다가올 사림시대를 준비하고 있었던 것이다.

　김취문의 아버지 김광좌가 새롭게 터전을 잡은 곳은 '들성'이었다. 들성은 풍광의 아름다움과 물산의 풍부함을 갖춘 천혜의 복지였는데, 이곳은 본디 김광좌의 처가마을이었다. 즉, 김광좌는 남귀여가혼男歸女嫁婚의 관행에 따라 혼인 이후 처가로 들어가 살면서 자연스럽게 이주를 했던 것이다. 이른바 '처가살이'도 17세기를 기점으로 그 이전과 이후의 양상이 같지 않다. 김광좌

가 혼인하던 15세기 후반은 신랑이 신부집으로 들어가는 '장가
듦'의 혼인형태가 일반적이었다.

　김광좌의 처가는 선산의 토박이 양반 선산임씨였다. 이 집
안은 무반직이지만 대대로 벼슬이 끊이지 않은 사환가였고, 처부
임무林珷는 당상관의 품계를 지닌 중량감을 가진 인물이었다. 무
엇보다 그는 들성 일대에 방대한 토지를 보유한 재산가였다. 들
성의 전답은 땅이 비옥했을 뿐만 아니라 호지라는 관개시설로 인
해 가뭄의 걱정이 없었으니, 문전옥답門前沃畓이 따로 없었다. 임
무는 전직 관료로서 사회적 지위가 견고한데다 양질의 농업인프
라 덕분으로 풍족한 삶을 영위했던 복인福人이었던 것이다.

　그러나 그에게도 고민은 있었다. 자식이라고는 딸 하나가
고작이었기 때문이다. 아무리 '아들 애착'이 강하지 않던 세월이
라 하더라도 임무에게도 친자를 통한 가계계승의 욕심이 없었을
리 없다. 하지만 당시는 공신 등 특별한 경우가 아니면 양자를 들
이지 않았기 때문에 그 또한 외손봉사를 염두에 두지 않을 수 없
었다. 무자無子의 허전함은 사위에 대한 기대와 애착으로 옮아갔
고, 자신이 가진 모든 것들을 의미있게 전수하는 길은 '전도 유
망한 똑똑한 사위'를 고르는 길밖에 없었다. 그리하여 그는 선산
고을을 죄다 수소문하며 사윗감을 물색했고, 어렵사리 그의 눈에
들어온 이가 바로 김광좌金匡佐였던 것이다. 김광좌는 충절과 의
리를 가풍으로 삼은 집안에서 성장하였기에 선비로서의 행신과

처세가 반듯했고, 천성이 자상하여 사람을 포용할 줄 아는 도량을 지닌 인품의 소유자였다. 임무는 김광좌를 자신의 딸과 방대한 재산을 맡길 만한 재목으로 확신하고 사위로 맞았던 것이다.

그의 예상과 바람은 적중했다. 들성 처가로 들어온 김광좌는 처부모를 효성으로 섬겼고, 부부상경夫婦相敬의 도리로서 아내를 대했다. 금실 또한 각별했던 이들 부부는 슬하에 6남 3녀를 둠으로써 집안의 번성을 예견하게 했다. 무엇보다 김광좌는 시대의 흐름을 읽는 식견을 지닌 선비였다. 그것은 학술과 문화로써 집안을 디자인하는 것이었다. 그는 경향을 왕래하며 주자학의 심화 과정을 체감하면서 아들 세대에는 이에 대한 정통한 이해와 온축 없이는 시대에 뒤떨어질 수밖에 없음을 잘 알고 있었다. 그리하여 그는 여러 아들들을 동향의 대학자 송당松堂 박영朴英(1471-1540)의 문하에 입문시키고는 착실하게 뒷바라지 해주었다. 이로써 들성에는 글읽는 소리가 끊이지 않으면서 문향이 피어오르기 시작했다. 종전까지 들성이 '부유한 무반 마을'이었다면 김광좌 이후로는 '문향文香이 가득한 선비마을'로 변모했던 것이다. 특히 장자 취성과 5자 취문이 학자·관인으로 대성하여 '송당학파松堂學派'의 주역으로 활동할 때의 들성은, 영남의 사림사회가 주목하는 학술과 문화의 공간으로 그 격조를 높여가게 된다.

김광좌 이후 들성마을은 선산김씨 집안의 백세터전이 되어 그 역사가 오늘에 이르고 있는데, 여기서 꼭 기억해야 할 사람이

있다. 바로 임무이다. 외조 임무의 경제력이 아니었더라면 김취
성 · 취문 형제가 학문에 전념할 수 있었겠는가? 모름지기 김광
좌는 처가로부터 물려받은 재산을 바탕으로 자녀 교육에 매진할
수 있었음에 분명하다. 후일 영남사림의 부러움을 자아내게 했
던 '들성문화'의 숨은 공로자의 한 사람으로 임무를 기억해야 하
는 이유도 여기에 있다.

3) 구암가문의 세거: 들성과 그 주변의 마을

들성은 웃골, 석천동, 거정동을 중심으로 서쪽으로 점터, 동
쪽으로 문성동 · 원당골 · 상원당 · 지내 · 중동 · 황상동 등 8~9
개의 자연마을로 구성되어 있다. 이런 자연마을은 인구의 증가
에 따른 마을의 확대 과정에서 생겨났다.

17세기 초반까지만 해도 들성에는 김광좌의 여섯 아들의 자
손들이 혼거하는 형태를 보였으나, 18세기 이후부터 인구가 증가
하면서 혼인이나 경제적 이유 등으로 인해 다른 지역으로의 이주
가 활발해졌다.

장자 취성 계열은 함양 봉전리, 김천 강곡리 등으로 세거의
기반을 확대했고, 2자 취기就器 계열은 해평면 송곡, 도개면 영산
리, 합천 초계, 영천 북안, 상주 내서로까지 확산되었다. 3남 취연
就硏 계열은 도개면 가산리, 형곡동, 김천 조마면 장암리 등으로,

4남 취련就錬(1507-1581) 계열은 의성 다인, 상주 사벌면 덕가리, 구미 상모동, 지산동, 거창 위천면, 영동 추풍령면, 상주 은척면, 의성 단밀 안계·안평면 등지로 주거를 확대해 나갔으며, 그나마 6자 취빈就彬 계열은 해평면 등 근거리 이동을 보였다.

구암가문의 경우 원당골을 경계로 서쪽에는 김취문의 장자인 종무 계열, 동쪽에는 차자인 종유 계열이 세거해오고 있다. 들성 9동으로 표현되는 마을의 내부적 확대에도 불구하고 인구의 증가는 들성을 벗어난 새로운 거주지를 필요로 했다. 그리하여 17세기에 접어들면 상주, 연산·형곡·상모·남통 등 선산 고을 경내로의 이주가 본격화 되었고, 19세기에 이르면 충북 영동, 경북 문경, 전북 무주, 경남 거창으로까지 이주의 폭이 크게 확대되었다.

3. 구암종가 사람들

1) 종손의 계보와 삶의 자취: 500년 세가世家의 주인들

구암종가는 종조宗祖 김취문에서 현종손 김사익金思翼에 이르기까지 총 16대에 걸쳐 종통을 이어왔다. 여기에 차종손 김경환金勤煥을 포함하면 17대가 되고, 그 역사는 무려 500년에 이른다. 나라의 역사에 흥망이 있는 것처럼 집안의 역사에도 영욕과 부침이 따르기 마련이지만, 구암종가 사람들은 학문과 충절의 가풍을 꼿꼿하게 유지하며 집안의 격조를 지켜나감으로써 세가世家의 모범을 보여주었다.

【구암종가 가계도】

취문就文(1509-1570) → 종무宗武(1548-1592)
임란순국壬亂殉國 → 공저(1581-1641)
욕담浴潭 →

→ 천만溝(1598-1658)
산두처사山斗處士 → 상원相元(1621-1674)
문망文望 → 춘섭春燮(1643-1689) →

→ 재범在範(1668-1738)
은덕불사隱德不仕 → 세건世鍵(1695-1755) → 윤방潤邦(1720-1757)
효자孝子 →

→ 희복希復(1739-1763)
문망文望 → 여호麗虎(1761-1797) → 시로蓍老(1796-1854)

→ 택동澤東(1819-1867) → 용묵容默(1862-1944) → 정교正教(1888-1958) →

→ 석조錫祚(1917-1980) → 사익思翼(1951-현재)
현종손現宗孫 → 경환勍煥(1982-현재)

(1) '이름'에 담은 뜻: 문무文武의 절실한 조화

김취문은 초취 인천이씨와의 사이에서 조개趙介와 서준徐浚에게 출가한 두 딸을 두었고, 재취 광주이씨와의 사이에서 종무宗武·종유宗儒·종한宗翰 그리고 박몽필朴夢筆에게 출가한 딸을 두었다. 이들 3남 3녀는 이른바 '구암혈통久庵血統'의 핵심을 이루는데, 그중에서도 정점을 이루는 존재는 종통의 계승자인 장자 김종무였다.

김취문은 조선이라는 나라가 부국강병을 위해 추구해야 할 지향, 즉 시대정신이 무엇인지를 절실하게 고민했던 선비이자 지도자였던 것 같다. 그런 자취는 아들들의 이름에 고스란히 남아 있다. 김취문이 가정을 꾸리고 사회·학문적 활동을 전개하던 16세기 초중반에 이르면 문무의 균형은 점차 깨져갔다. 양반 사대부들은 지식을 축적하여 문신 관료가 되는 것을 지상의 목표로 삼아 과거 공부에 매달리기 시작했다. 과거에 실패하면 차라리 어중간한 선비로 지낼지언정 무반이 되는 것을 달가워하지 않았다. 물론 이 점에서는 김취문도 예외가 아니었다. 그 또한 문과를 통해 발신한 정통 문신관료였기 때문이다. 결과론적 해석일 수 있지만 그의 이름 '취문就文'은 '문신 또는 학자의 길을 걸어라'는 뜻이기도 했다. 이 점에서 김취문은 이름대로 인생이 풀린 행운아일 수도 있다.

그러나 김취문은 개인의 이해관계를 넘어 국가와 사회의 앞날을 염려할 줄 아는 선비였고, 평화로울 때 위난에 대비해야 함을 잊지 않았던 사려 깊은 관료였다. 1537년(중종 32) 문과에 합격하여 관계에 입문한 그에게 다가온 나라의 현실은 결코 녹록치 않았다. 선비의 시선으로 바라보던 것과는 엄청난 괴리가 있었다. 왜구의 크고 작은 변방 침입은 '안보불안'을 예고했지만 문약의 타성에 젖은 조선사회는 이에 대한 근본적인 처방을 내놓지 못했다.

이런 상황에서 관료생활을 한 지 10년을 갓 넘긴 1548년(명종 3) 애타게 기다리던 큰아들이 태어났다. 초취 부인을 사별한 뒤에 새로 맞은 부인에게서 본 첫아들이었기에 그 기쁨은 짐작이 가고도 남음이 있다. 그런 만큼 아들에 대한 기대 또한 각별했음은 두말할 나위가 없다. 당시의 사회적 분위기를 반영한다면 정승·판서나 대학자가 되기를 염원했음직도 하지만 김취문의 판단은 달랐다. 그는 아들에 대한 기대와 바람을 담는 첫 공식적인 절차인 작명에서 큰아들의 이름을 '종무宗武'라 했다. '무를 떨치는 사람'이 되어라는 말이었다. 그는 '숭문비무崇文卑武'라는 자기 시대의 분위기에 물들지 않고 근본을 돌아보는 첫 수를 둔 것이다. 아버지의 깊은 마음은 은연중에 아들에게 전해져 골수에 박혔을 것이다. 이름 때문이었을까. 후술하겠지만 마침내 종무는 임신왜란 내 상주 전두에서 장렬하게 순국함으로써 이름에 부끄럽지 않은 남아의 삶을 살게 된다.

이로부터 4년 뒤인 1552년(명종 7) 둘째 아들이 태어나자 그는 주저없이 '세상을 울리는 큰 유학자'를 의미하는 '종유宗儒'라는 이름을 지어주었다. 참으로 뛰어난 균형감각이었다. 문과 무는 흡사 새의 날개나 수레의 바퀴와 같아서 어느 한쪽의 결함을 용납하지 않는 속성을 지니는 법이며, 이 점에서는 나라의 경영도 다를 바 없었다. 즉, 김취문은 문에 집착하는 사회적 풍조를 바로잡기 위해 부심했고, 자신부터 그것을 실천하려는 의지를 아들의 이름에 담았던 것이다. 그의 실천적 행위는 가정사에 지나지 않았지만 그 뜻은 참으로 원대했으니, 시대를 앞서간 사람들의 생각이란 정녕 이런 것인가 보다.

(2) 견위수명見危授命의 충혼忠魂: 김종무金宗武

1548년 김취문에게는 생애에서 가장 기념할 만한 경사가 있었다. 애타게 기다리던 큰아들이 태어났기 때문이다. 좋은 집안에서 태어났기에 '문벌'이 남부럽지 않았고, 송당 문하에서 학문을 익혀 '학벌'에 손색이 없었으며, 문신의 반열에 올라 청요직을 두루 거치면서 관료로서의 신망을 더해가던 그에게도 걱정은 있었다. 남들 같으면 손자를 볼 나이인 마흔이 되도록 아들을 두지 못했기 때문이다. 이런 상황에서 종무(1548-1592)의 탄생은 덕문德門의 여경餘慶이 아닐 수 없었다.

종무는 성품이 단중하고 의용儀容이 훤칠하여 대장부의 풍모가 있었고, 학자의 아들답게 학문과 예법을 가다듬어 몸가짐에 법도가 있었다. 이 점에서 그는 문무의 자질을 겸비한 선비였던 것이고, 그 바탕에는 아버지의 무언의 당부와 교육의 힘이 작용하고 있었다.

종무가 청년기에 접어들자 들성에는 혼담을 건네려는 사람들의 행렬로 분주해졌다. 어느새 그는 선산 고을을 넘어 영남의 '일등 신랑감'으로 일컬어졌고, 세심한 고려 끝에 안동 하회에 살던 류감사柳監司의 딸과 혼례를 올렸다. 류감사는 바로 황해도 관찰사를 지낸 류중영柳仲郢(1515-1573)이었으니, 퇴계문하의 고제로 임진왜란 당시 전시 정국을 책임지게 되는 영의정 류성룡柳成龍(1542-1607)은 곧 종무의 손위 처남이었다.

종무는 학문에 힘썼지만 벼슬을 탐하지 않았고, 그럴수록 명성은 더욱 높아져 1591년 지금의 남원 땅인 오수도鰲樹道 찰방察訪에 발탁되었다. 사람들은 아버지의 음덕이라 했지만 실상은 조정에서 그의 능력을 눈여겨본 결과였다. 얼마 지나지 않아 함양의 사근도沙近道 찰방으로 전직하였고, 여기서 임진왜란을 맞게 된다.

1592년(선조 25) 4월에 발발한 미증유의 전란 앞에 조선의 관군은 무력했고, 강토와 백성은 참혹하게 유린당했다. 고을의 수

령들과 군사책임자들이 놀란 새와 쥐처럼 도망쳐 자취를 감추었지만 그는 달랐다. 그는 일신의 안위를 돌보지 않고 분연히 떨치고 일어서서 밤낮으로 말을 달려 상주로 향했다. 그곳에서 진을 치고 있던 순변사 이일李鎰(1538-1601)과 합세하기 위해서였다. 고향 들성은 상주로 가는 길목에 있었고, 내심 가족들의 안위도 걱정이 되었지만 들르지 않았다. 옛사람이 말한 '과문불입過門不入'이란 바로 이런 것이었다.

가까스로 상주에 도착했지만 이곳의 전황도 위급하기는 마찬가지였다. 중과부적의 상황에서 관군은 한번의 싸움에서 무너졌고, 전열은 흩어졌다. 이 순간 종무는 죽음을 결심하게 된다. '나라가 위난에 처하면 선비는 목숨을 바친다.'는 견위수명見危授命의 자세는 이미 어릴 때부터 숙지했던 핵심 지결이었기 때문이었다.

그는 죽음을 앞둔 절체절명의 상황에서도 예모를 잃지 않았다. 말에서 내려 의관을 바로잡은 다음 손부채를 한룡漢龍이라는 종에게 건네며 '나는 이제 여기서 죽으니 너는 이것을 가지고 집으로 돌아가 이 사실을 전하라.'고 비장하면서도 침착한 어조로 말했다. 이것이 그가 이 세상에 남긴 마지막 말이 되었고, 이윽고 그는 상주 북천의 모래밭에서 장렬한 최후를 맞았다. 그가 부채를 쥐어주며 집으로 돌아가라고 했던 한용 또한 한 손에는 부채를, 다른 한 손에는 말고삐를 잡고 죽었다고 하니 그 '주인에 그종' 이었다. 의義의 실천에는 귀천이 따로 없었던 것이다.

　다만 아들이 어려 시신을 거두지 못해 의관衣冠을 모셔 장례를 지낸 것이 천추의 한으로 남았지만 거기에도 그만한 사정이 있었다. 임란 당시 류씨 부인은 시어머니 광주이씨와 어린 아들을 데리고 금오산 동굴 속에서 피난하던 중 북천의 비보를 들었다. 광주이씨는 하늘이 무너지는 아픔을 견디지 못하고 동굴 속에서 생을 마감했고, 류씨 부인 또한 혼절하여 사경을 헤매게 되었다.

　이 소식은 부인의 친정마을 하회로 알려졌고, 부인의 큰오라비 겸암謙菴 류운룡柳雲龍(1539-1601)은 급히 장정을 보내 누이동생을 대바구니에 담아서 데려오게 했다. 그러나 사람의 목숨은 하늘에 달려 있는 법이라 했던가. 행차가 안동의 일직현에 이르렀을 무렵 부인 또한 슬픔과 고통을 이기지 못하고 1592년 9월 26일에 생을 마감하고 말았다. 아무리 여필종부女必從夫가 미덕인 시대라 하지만 부인의 죽음은 너무도 애절하여 듣는 이의 마음을 안타깝게 했다. 오죽했으면 작은 오라비 류성룡이 여동생의 묘지명을 손수 지으면서 이토록 가슴 아파하였을까.

　　슬프다. 나의 여동생은 천성이 영리하고 순수하였으며, 타고난 기질이 남달리 유순하여 평생에 빠른 말과 급한 빛이 없었다. 하지만 그에 따른 복록의 보답을 얻지 못하여 평소에 곤궁

이 심했고, 수명 또한 길지 못해 겨우 마흔한 살로 난리를 만나
떠돌아 다니다가 죽고 말았으니, 하늘이 어찌 사람에게 이럴
수 있단 말인가.

—류성룡, 『서애집』, 「김종무의 처 류씨 묘지」

그랬다. 종무는 한 나라의 선비이자 관인으로서 나라를 위
해 죽었고, 종 한룡은 그 주인을 위해 죽었으며, 풍산류씨 부인은
지아비를 따라 죽었다. 그 대상은 서로 달랐지만 그 의리는 한결
같았던 것이다. 전란의 상처는 이처럼 혹독했지만 시련을 이겨
내고 약동하는 구암가문의 정신적 에너지는 다음 시대의 번영을
예견하기에 충분했다.

그리고 절의라는 것은 세월이 흐를수록 그 빛이 더욱 드러나
는 법이다. 종무의 장렬한 죽음은 험난한 세월 속에 한동안 묻히
고 말았지만 1675년 숙종 임금이 그의 택리宅里인 들성마을에 충
신정려를 하사하는 특전을 베풀었다. 나아가 1721년(경종 1)에는
상주 충렬사忠烈祠에 제향되어 사회적 기림을 받게 되었으며,
1790년(정조 14)에는 이조참의에 추증됨으로써 충혼을 조금이나
마 위로할 수 있게 되었다. 이때 풍산류씨 부인도 정부인에 추증
되었음은 두말할 나위가 없다. 이후 김종무는 1871년 이조판서
에 추증됨으로써 정경의 반열에 오르게 된다.

(3) 시례지가詩禮之家의 현손賢孫: 김공金玒

　김종무의 순절과 부인 풍산류씨의 뒤이은 사망은 구암종가에 먹구름을 드리웠고, 부모 잃은 어린 자식들의 운명도 예측하기 힘들어졌다. 이때 그들을 보살펴 준 사람이 하회의 외가 사람들이었다.

　김종무는 풍산류씨와의 사이에서 아들 둘과 딸 하나를 두었다. 큰아들 김충金狆은 임란 때 금오산 도선굴道詵窟에서 피난하다 생을 마감했는데, 그때 나이 16세였다. 그는 자질이 총명하여 10여 세에 이미 경전과 사서에 박통하여 대유大儒의 기상이 있었다고 한다. 특히 외숙 류성룡은 나라의 재목으로 기대해마지 않았지만, 충은 전란의 소용돌이를 이기지 못하고 짧은 생을 마감했다.

　이런 상황에서 단명한 형을 대신하여 구암가의 종통을 이어받은 사람이 김공金玒(1581-1641)이었다. 양친과 형을 한꺼번에 잃고 고아가 된 그가 의탁한 곳은 외가였다. 특히 큰외숙 류운룡은 어린 생질을 친자식처럼 거두어 사랑으로 양육하며 선비의 행신을 살갑게 가르쳤다. 이렇게 이들은 숙질을 넘어 사제가 되었다.

　공이 의지할 곳 없는 외로운 몸이 되자 겸암謙庵·서애西厓 두
선생이 친아들처럼 돌보며 바르게 교도하였다. 공이 이 때문

하회도

에 글을 읽고 뜻을 가다듬으며 몸을 근신하고 행실을 닦는 방
법을 알게 되었다.

－김공, 『욕담집』, 「욕담공유사」

하회에서의 안정된 생활을 통해 김공은 전란의 상처를 조금씩 치유할 수 있었고, 4촌들과의 정감 어린 교유는 평생의 아름다운 추억이 되었다. 당시 하회에는 류중영의 내외손들이 혼거하고 있었다. 큰이모부 이윤수李潤秀의 장자 이찬李燦(1575-1654)이 김공보다 6살이 많았을 뿐 대부분 김공의 또래들이었기에 좋은 친구가 될 수 있었다.

예컨대 류성룡의 3자로 후일 서애학파를 이끌며 병산서원에 제향된 류진柳袗(1582-1635)과 큰이모부의 둘째아들 이환李煥(1582-1661)은 한 살 터울의 아우였다. 김공은 하회에서 지내는 약 3년 동안 이들과 한 이불을 덮으며 절차탁마의 소중한 시간을 보냈다. 특히 '외가살이'라는 처지 또한 같았던 이환과의 정리가 자못 두터웠던 것 같다. 후일 이환은 김공의 영전에 올린 제문에서 어린 시절 외가에서 함께 했던 날들을 다음과 같이 회고했다.

> 옛날 외로운 몸이 되었을 때, 둘 다 열두 살 나이로 외가에 있으면서 3년 동안 한 이불을 덮었고, 스승을 따라 학업을 익힐 때, 혹은 관청에서, 혹은 절에서 일을 같이하지 않은 것이 없었으니, 마음이 어찌 다른 것이 있었겠는가?
> —김공, 『욕담집』, 「김공의 죽음을 애도한 이환의 제문」

김공의 외가살이는 사우관계의 폭을 넓히는 데에도 커다란 도움이 되었다. 1594년(선조 27) 그는 소백산에 피난 중이던 장현광張顯光(1554-1637)을 찾아가 제자로서의 예를 올렸는데, 이날 맺은 사제관계는 김공의 학자적 인생에 너무도 큰 영향을 미쳤다. 김공의 인품과 자질을 눈여겨본 장현광은 그를 '자기사람'으로 만들어 가까이 두고 싶어 했다. 이 무렵 김공의 주변에서는 혼담이 모락모락 피어오르기 시작했다. 장현광이 노경필盧景佖(1554-1595)의 딸과 김공의 혼인을 주선하고 있었던 것이다. 노경필은 곧 장현광의 생질이었으므로 김공은 장현광에게 '손서뻘'이 되었다. 이렇게 김공은 학연과 척연을 더하면서 이른바 '여헌 패밀리' 속으로 편입되어 갔던 것이다.

장현광과 김공은 각기 인동과 선산 출신이라는 점에서 한 고을 사람이나 마찬가지였다. 더구나 두 집안 사이에는 '송당학맥'이라는 점에서 학통상의 동질감이 강고하게 자리잡고 있었다. 아울러 장현광은 김공의 큰외숙 류운룡과 깊은 신뢰가 있었고, 작은외숙 류성룡 또한 류진을 보내 수학하게 할 만큼 대유로 인정했던 뛰어난 석학이었다. 그와 장현광의 만남은 초년의 불운을 떨치고 새로운 삶을 개척할 수 있는 행운의 등불이 되었고, 그런 믿음 속에서 김공은 장현광의 가르침을 충실히 따르며 영남이 주목하는 학인으로 성장해 갔던 것이다.

김공의 학자적 성장은 구암종가에 몰아닥쳤던 전란의 상처를 치유하며 극복해가는 과정이기도 했다. 사람들은 그가 12세의 나이에 외가로 가는 뒷모습을 보면서 구암종가의 불운을 얘기했지만 그가 반듯하고 건실한 청년 선비가 되어 고향으로 돌아왔을 때 들성의 산천은 반가운 기색으로 젊은 주인을 맞아주었다. 그 누구보다 나라를 걱정했던 사람의 손자, 그 나라를 위해 초개와 같이 목숨을 바친 사람의 아들이었기에 김공의 삶의 역정 속에는 '집안의 저력', '인간의 힘'으로 집약되는 어떤 감동이 진하게 묻어 있었다.

　김공은 개인의 발전은 물론 구암가문의 위상을 떨치기 위해서 학문에 열중했고, 김경金熲·김양金瀁·김하량金廈樑·김하천金廈梴 등 일가들의 여헌문하 입문을 주선하여 선산김씨 일문의 학풍을 진작하는 데 이바지했다. 무엇보다 그는 스승 장현광이 가는 곳이라면 어디든 따라가서 깊은 학문과 품격 넘치는 행의를 배우기 위해 노력했다. 1611년(광해군 3) 정월에는 사문을 위해 장현도張顯道·노경륜盧景倫·김녕金寧·김양金瀁·박진경朴晉慶·김경金熲·김활金活 등과 함께 월파정月波亭에서 주유를 개최하여 사림의 예법을 배웠고, 그해 9월에는 장현광을 모시고 금오서원에서 강학하며 학문의 깊이를 더했다. 이런 가운데 1634년(인조 12) 2월 여헌문인旅軒門人과 우복문인愚伏門人이 상주에서 회동하는 행사가 있었다. 아무나 초청될 수 없는 이 자리에 그는 경주부윤慶州府尹 전식全湜·영천군수永川郡守 김지복金知復·참봉參奉 조광벽趙光璧·지평持平 류진柳袗·참봉參奉 김추임金秋任·도사都事

금오서원

전극항全克恒·장내범張乃範·김녕金寧·박황朴榥·박협朴恊·이원李垣 등과 함께 참여했다. 이 광경을 지켜본 사람들은 그가 여헌고제임을 한 눈에 알아볼 수 있었다.

이런 과정을 거쳐 김공은 노경임·김응조·신열도·류진·이윤우·정경세·이준·김기후·고빙운·장내범·김종효·김진호·최현·윤홍선 등과 교유하며 영남의 학문적 분위기를 주도하는 명사의 반열에 올랐고, 장현광의 기대와 신뢰도 한층 더 깊어졌다. 선산의 으뜸 서원인 금오서원金烏書院 원장에 올라 경내 선비들의 학문을 지도할 수 있었던 것도 그런 신뢰 때문이었다. 이렇게 그는 조금씩 師의 자리로 옮아가고 있었던 것이다.

　1627년(인조 5), 조선은 다시 한번 외침의 불안 속으로 빠져들었다. 정묘호란이 발생한 것이었다. 다급해진 조정에서는 관군을 동원하여 전시체제를 강화하는 한편 지방 선비들의 근왕활동을 재촉했다. 김장생·장현광·정경세를 호소사에 임명하여 의병활동을 독려한 것은 이들의 문인 기반이 견고했기 때문이었다. 장현광을 영우호소사嶺右號召使에 임명하는 명령장이 내려오는 순간 여헌학파에는 비상이 걸렸다. 조선이라는 '국가', 장현광이라는 '스승'을 위해 여헌문인들은 근왕활동의 참모를 자임했다. 이렇게 영남 각처에서 모인 대표격의 인물만도 박민朴敏·조종악趙宗岳·김녕金寧·조종대趙宗岱·이민성李民宬·배상룡裵尙龍·신적도申適道·조준도趙遵道·장경우張慶遇·여욱呂煜·장문익蔣文益·손기업孫起業·정호신鄭好信·김경金褧 등 10여 명에 이르렀는데, 그 중심에서 이런 흐름을 주선·조율한 사람이 바로 '임란충신 김종무'의 아들 김공이었다.

　이처럼 그는 50년 가까운 세월을 여헌문하에서 수학하는 동안 학문과 그것의 실천에 노력하며 '여헌학'의 계승과 발전을 이끈 주역이 되었다. 장현광 사후 『여헌집旅軒集』의 편찬 및 간행을 완료했을 때 사람들은 그를 한유韓愈 문하의 이한李漢에 견주며 칭송했고, 안동의 선비 김시온金是榲(1598-1669)이 그를 여헌고제로 평가한 것은 구암가문의 학문적 저력이 세상으로부터 인정받았음을 의미했다.

　난리통에 부모와 형제를 잃은 12세 소년이 안동 외가로 갈 때만 해도 아무도 이런 날이 올 것이라 상상하지 못했다. 그러나 그는 역경 속에서도 자신의 발전과 집안의 번영을 위해 이를 악물었고, 마침내 주변이 존경하는 선비, 세상이 주목하는 학자로 성장했던 것이다.

　생전에 한 번도 뵙지 못한 조부 구암은 어두운 밤하늘의 등불처럼 그를 지켜주었을 것이고, 북천北川의 혼령이 된 그리운 아버지는 그로 하여금 언제 어디서든 당당함을 유지할 수 있는 힘을 주었을 것이다. 그가 백발이 성성한 노유老儒가 되어 종가의 사랑채를 지키며 선대의 행적을 정리하던 순간, 들성에는 문운이 다시 잦아들어 '구암시대久庵時代'의 영광을 되찾게 되었다.

(4) 종가의 시련기: 연산連山 이거와 질곡의 300년

　김공의 학문적 대성은 들성김씨가 '학자 · 선비집안'으로 도약하는 발판이 되어 구암가문의 가격은 한층 격상되었고, 문호 또한 더욱 확충되어 갔다. 더구나 그는 3남 2녀를 두어 자손번성의 토대를 마련하였는데, 세 아들 모두 학자의 아들답게 문아文雅한 선비로 성장해주었다.

　특히 집안 아저씨인 탄옹灘翁 김경金褧(1582-1637)에게서 여헌학을 전수받은 장자 김천金灐은 일찍부터 유자로서의 명망이 있어 세인들의 칭송을 받았다. 행동에는 예모가 충만했고, 서가書架 가득한 서책에는 문향이 피어올랐다. 온 마음으로 부모를 모셨기에 그의 효성에는 진정성이 느껴졌고, 금오서원 원장으로서 유생들에게 위기지학爲己之學을 강조하는 모습에서는 진유의 풍모가 물씬 풍겼다. 사후 영남의 선비들이 그에게 '산두처사山斗處士'라는 아호를 추서한 것은 참된 선비에 대한 무한한 존경의 표현이었다.

이때만 해도 구암가문의 미래는 밝아 보였다. 종가 사람들에게는 강한 자신감이 넘쳐 흘렀고, 전란의 후유증도 치유되는 듯했다. 하지만 그런 기대감은 또 다른 근심거리와 혼효되어 종가 사람들을 점차 힘들게 했다. 근심의 요인이 된 것은 1641년(인조 19)에 사망한 욕담공浴潭公의 묘소였다. 김천은 상주 땅인 연산連山이라는 곳에 길지를 얻어 부친을 예장한 다음, 임시 거처를 마련하여 성묘할 만큼 묘소를 각별히 돌보았다. 그런데 이 산소는 풍수를 아는 사람이라면 누구나 눈독을 들일 연화반개형蓮花半開形의 명당이었다. 김천은 이미 그것을 알고 집안의 번성을 위해 상주 땅으로까지 가서 부친의 영면처를 마련하는 애착을 보였던 것이다.

구암종가의 명당 점지 사실은 알 만한 사람이면 다 아는 공공연한 사실이 되었다. 그런 만큼 탐을 내는 사람도 알게 모르게

생겨나기 마련이었고, 이것은 필시 불길한 징조임에 분명했다. 아니나 다를까 효종 연간 상주목사로 부임한 한 인사가 이 산소의 존재를 알고 욕심을 내기 시작했다. 그 수령은 선산 사람이 왜 상주 땅에 산소를 쓰느냐며 터무니없는 이유를 붙여 김천의 아들 김상원金相元을 붙잡아 문초했다. 즉시 이장하지 않으면 엄한 형률로 다스리겠다고 엄포까지 놓는 마당이라 구암종가 사람들의 긴장감은 극도에 달했다.

그러나 여기에 굴복할 구암종가 사람들이 아니었다. 김상원은 모진 고초 속에서도 주장을 굽히지 않았다. 오히려 목사가 관권을 남용하여 국법에도 없는 규정을 강요하는 것을 힐난하는 결기를 보였다. 이에 이치에 굴복한 목사는 끝내 김상원을 방면할 수밖에 없었다. 그렇다고 모든 문제가 해결된 것은 아니었다. 김상원은 목사가 또 무슨 일을 꾸며 산소에 해를 가할지 몰라 연산 이주를 결심하고 아버지에게 여쭈어 승낙을 얻었다. 이때 그가 집터로 삼은 곳은 욕담공의 묘소 청룡靑龍 끝자락이었다. 이로써 욕담공 묘소 수호는 안전을 보장받을 수 있었지만 구암종가는 150년 터전이었던 들성을 떠나게 된다. 사실상 마을의 주인이었던 구암종손을 보낸 들성은 한동안 텅 빈 마을처럼 느껴졌을 것이고, 선대의 묘소 관리를 위해 정든 고향마을을 떠날 수밖에 없었던 종가 사람들의 심사도 심란하기는 마찬가지였을 것이다. 무엇보다 이때만 해도 잠시 들성을 떠난 것이라 생각했을 테지만 구암종가가 다시 들성으로 돌아온 것은 이로부터 300년 가까운 세월이 지난 1938년이었다.

곡절 끝의 이거 때문이었을까? 연산에서의 생활도 결코 녹록하지만은 않았다. 몇 년 사이에 세 번의 화재를 겪으면서 가세는 날로 곤궁해졌다. 명색이 종가인지라 허다한 제사 비용과 하루가 멀다 하고 찾아드는 손님 접대로 신고의 나날이 이어졌다. 여기에 더해 화재로 인해 선대의 유문을 죄다 소실한 것은 안타깝다 못해 통한의 슬픔이 되었다. 견디다 못한 김상원은 재 너머 산두山斗로 이거를 단행하여 재기를 도모하게 된다. 구암가문의 선영이 있던 산두에는 적지 않은 위토가 딸려 있었으므로 자손으로서는 의지할 만한 땅이었다. 여기서 그는 가난 극복을 위해 열심히 농사를 지었고, 중년 무렵에는 끼니를 거르지 않을 정도의 가산도 불릴 수 있었다.

시례지가詩禮之家에서 성장한 김상원은 역시 선비였다. 극도의 곤궁을 면하는 순간, 그가 잡은 것은 서책이었다. 학행을 겸한 참된 선비가 되려면 주자朱子의 글에 빠져 살아야 했지만 집안의 형편을 생각하자면 과거를 외면할 수도 없었다. 그리하여 그도 한때는 과거 공부에 전념했고, 향시에는 여러 번 합격했다. 그럼에도 끝내 최종 시험에 응시하지 않은 것은 위기지학爲己之學에 대한 미련 때문이었다. 비록 과거에 합격하여 포의를 벗어던지지는 못했지만 어느새 그의 학문과 식견은 인근 고을로까지 파급되었다. 개성부 소윤을 지낸 도영하都永夏가 그에게 관료의 수칙과 자세를 자문한 것을 보면 그 경륜經綸이 어느 정도였는지 짐작이 간다.

김상원의 산두 이거에 따른 경제적 여건의 개선과 학문적 성취가 구암종가의 완전한 재기를 의미하는 것은 아니었다. 우선 아들 춘섭春燮만 하더라도 가업의 확충을 위한 뚜렷한 자취를 남기지 못했기 때문이다. 그나마 손자 재범在範이 온후한 품성에 효우와 겸공의 덕목을 갖춰 장자의 도량을 지닌 신실한 사람으로 일컬어진 것에서는 면면한 가학의 힘을 발견할 수 있었다.

한편 구암종가는 들성을 떠난 지 약 100년이 되던 18세기 중후반에 접어들면서 다시금 난관에 봉착하게 된다. 이때는 구암의 8세손 윤방潤邦과 9세손 희복希復이 활동하던 시기였다. 김윤방은 경제적 어려움 속에서도 효로써 집안의 법도를 세우고, 화로써 친족을 대했으며, 믿음으로써 벗을 사귀어 유교적 가치를 모범적으로 실천한 사람으로 인식되었다. 특히 그의 효성은 '지금의 시대에 드물고, 옛 사람에 비겨도 부끄럽지 않다.' 라는 평이 있을 만큼 독실했다. 삶이 어려워도 선비집안의 도리만큼은 반듯하게 지켜나가고자 애를 썼던 것이다.

그런 정신과 면모는 아들 희복에게 고스란히 대물림되었다. 희복은 일찍이 아버지가 몸소 행했던 효 · 화 · 신의 가치를 올곧게 계승함은 물론 여기에 뛰어난 문사, 활달한 언어를 더함으로써 구암종가의 옛 영화를 되찾을 인재로 기대를 모았다. 그가 과거를 보기 위해 서울로 갔을 때는 장안의 선비들이 그의 용모와 재능에 탄식을 금치 못했다고 한다. 비록 과거에는 합격하지 못했지만 그는 다음 시대를 이끌 선산 사림의 영수로 주목을 받았고, 쟁쟁한 사우들이 그의 주변에 모여들었다. 그러나 이것이 전부였다. 누가 그의 운명이 25세에 그칠 줄 알았겠는가? 가슴에 품은 뜻을 채 펴기도 전에 유명을 달리함으로써 집안에는 풍파가 일었고, 향중에는 낙담의 목소리가 커져갔다.

그가 세상을 버렸을 때 남은 가족은 노모 창녕조씨, 아내 풍

양조씨, 세 살 된 외아들 여호麗虎가 전부였다. 전도유망했던 가장의 죽음은 한 가정의 흉사만이 아니었다. 희복은 9대를 이어온 구암가문의 종손이었기에 일문의 참화는 극도에 달했다.

　희복의 불의의 죽음으로 실오라기처럼 간당간당하던 구암 종가의 경제력도 하루가 다르게 고갈되어 갔다. 이제 무슨 방법으로 제사를 차릴 것이며, 무슨 돈으로 손님을 맞을 것인가? 창녕조씨와 풍양조씨 두 고부는 단안을 내려야 했다. 이때 그녀들이 선택한 것이 구암공의 불천위 신주를 매안하고 제사를 폐하는 것이었다. 구암의 신주가 존재하는 한 참배의 행렬은 그치지 않을 것이기 때문에 눈물을 머금고 죄를 짓는 심정으로 그런 결정을 내린 것이었다. 이로써 16세기 조선의 뛰어난 지도자로서 국가적 존경을 받았던 구암 김취문의 향화는 그치게 된다. '종가'의 주된 기능의 하나는 제사이다. 제사를 행하지 않는 집이 종가로서 당당하게 행세하며 일문을 통솔하기는 쉽지 않았을 것이다. 생활고를 이기지 못하고 절사絶祀한 것이 미담이 될 수는 없겠지만 무조건 비난할 일도 아닐 것 같다. 어쨌든 이런 곡절을 거치면서 구암종가는 비운을 맞게 되었고, 쇠락한 가세를 회복하기까지는 많은 세월을 필요로 했다.

이렇게 5대 180년을 궐향했던 구암종가는 1938년 13세 종손 용묵容默 대에 들성의 옛터로 되돌아 와서 다시금 향화를 지피고 있다. 지금은 16세 종손 사익思翼이 그 역할을 행하고 있는데, 집안의 굴곡진 역사를 잘 알고 있기에 성심이 자못 각별하다.

2) 구암종가의 혼맥: 혈연으로 맺은 사회문화 네트워크

(1) 종손 계통: 구암종손의 처가댁

혼인은 집안의 격을 가늠하는 잣대이다. 혼맥을 보면 그 가문의 사회적 지위를 알 수 있기 때문이다. 또 혼인은 아들과 딸을 주고받는 행위를 넘어 집안간의 소통, 즉 통가의 과정이다. 이런 절차와 과정을 통해 각 가문들은 문벌을 이루게 되고, 그 문벌은 피로 연결되어 있기 때문에 어떤 연대보다도 끈끈하다. 조선말기로 가면서 문벌의 폐단이 적지 않게 드러났지만 국가 권력으로도 쉽사리 제어할 수 없었던 것도 이 때문이었다.

혼맥은 경제력과 문화의 분배와 유통의 과정이기도 했다. 균분상속의 시대에 딸은 친정으로부터 자기 몫의 재산을 상속받을 수 있었다. 그 딸은 재산만 가져오는 것이 아니라 친정의 색다르면서도 양질의 문화를 시댁에 유입시키는 매개 역할을 했다. 사람이 오고가는 혼인의 의미는 이런 것이었다. 우리는 흔히 '김씨집안', '이씨집안'의 문화를 말하지만 그것이 어찌 김씨와 이씨만에 의해 만들어진 것이겠는가? 여러 집안 사람들의 피가 섞여 만들어진 공동의 문화라 하는 것이 맞을 것이다.

구암 김취문의 학문적 성취와 관료적 현달은 후손들의 사회적 좌표를 결정하는 잣대가 되었고, 그런 조상의 음덕에 힙입어 구암종가는 유수의 명가들과 혼반을 형성하며 영남의 양반사회를 주도했다. 김취문을 둘러싼 혼맥은 불천위의 행적에서 다루기로 하고, 여기서는 아들 김종무부터 살펴보기로 한다. 김종무는 하회에 세거하던 풍산류씨 류중영의 딸을 아내로 맞았다. 류중영은 김종무의 아버지 김취문의 환우宦友로서 서로 친분이 두터운 사이이기도 했다. 풍산류씨는 류중영의 5대조 류종혜柳從惠가 풍산에 터를 잡은 이후 가격을 크게 신장시켜 왔고, 특히 '경

옥연정사

제京第'라 불리는 서울집을 꾸준히 유지함으로써 '도회문화'에 대한 적응력도 매우 높았다. 류성룡의 방목상의 거주지가 서울인 것을 보면 그 또한 서울에서 성장한 것이 분명했다.

하회의 류씨들은 벼슬에 대한 집착이 높은 집안으로 알려져 있지만 반드시 그런 것은 아니었다. 류중영의 고조 류홍柳洪이 김종직의 고모와 혼인한 것에서는 사림과 학통과의 깊은 인연이, 류중영이 이황의 『주자서절요朱子書節要』를 간행한 것에서는 퇴계학과의 깊은 친연성이 감지된다. 이런 맥락에서 류운룡·성룡 형제가 퇴계학에 바탕한 '충효가학忠孝家學'을 표방하며 우뚝 성장함으로써 영남을 대표하는 문벌가문으로 성장했던 것이다.

　김종무는 큰처남 류운룡보다는 아홉 살, 작은처남 류성룡보다는 여섯 살이 적었다. 류운룡·성룡 형제의 누이 사랑은 각별했던 바, 매부 김종무에 대한 기대도 매우 컸을 것이다. 김종무 역시 혼인 이후 한동안 하회에서 살았던 것 같다. 여기서 그는 두 처남과 함께 절차탁마하며 청운의 꿈을 키웠을 것이다. 그 뒤 김종무는 1570년 부친의 사망을 계기로 아내를 데리고 들성으로 돌아갔다. 이 무렵 류성룡은 이미 문과에 합격하여 명나라에 사절로 다녀올 만큼 출세 가도를 달렸지만 김종무는 이로부터 20년이 지나서야 벼슬길에 나아갈 수 있었다. 일 년 남짓한 벼슬살이마저도 장렬한 죽음으로써 마감하였으니, 그 비통함이 어떠했겠는가? 앞에서도 잠시 언급하였지만, 류운룡이 어린 생질을 더욱 살갑게 거둔 이유도 그런 비통함 때문이었음은 재론이 필요치 않다.

　김공의 처가 안강노씨安康盧氏는 송당학을 정통으로 이은 선산의 명가였다. 찰방 벼슬을 지낸 처부 노경필은 송당문인 노수함盧守諴(1516-1573)의 아들이었다. 노수함은 박운朴雲·김취성金就成·김취문金就文·최응룡崔應龍·최해崔海·최심崔深·김진종金振宗·길면지吉勉之 등과 함께 선산지역 송당학파의 핵심을 이룬 인물로서, 아호 '송암松菴'은 스승 '송당松堂'을 향한 강렬한 계승의식의 표현이었다. 김공이 노경필의 딸을 아내로 맞은 것은 송당학의 혈연적 강화 과정이었다. 흥미로운 것은 이 혼인의 사

매학정

실상의 '중매쟁이' 역할을 했던 장현광 또한 송당연원이었다는 점이다. 신랑·신부와 주례까지 송당학파였으니, 김공의 혼사는 범 학파 차원에서 기념할 만한 뜻깊은 잔치였던 것이다.

　김천은 남양홍씨 생원 홍복견洪復見의 딸과 혼인했다. 처가의 상황은 자세하지 않지만 서애문하의 고제 전식全湜(1563-1642)이 홍복견과 남매간이라는 점을 고려한다면, 이 집안 또한 지벌地閥이 상당했음을 알 수 있다. 김천의 아들 김상원은 같은 고을 덕산황씨 집안에 장가들었다. 이 집안은 명필 황기로黃耆老(1521-1567)의 후손으로 처부 황진룡黃震龍은 1618년 진사시에 입격한

반듯한 유교지식인이었다.

　김상원 대까지만 해도 구암종가는 안동·선산의 유수한 명가들과 통혼하였지만 이후 가세가 기울면서 혼반도 점차 격하되어 갔다. 그나마 상원의 아들 춘섭春燮은 생원을 지낸 회산김씨 김극함金克諴의 딸을 아내로 맞았지만 그의 아들 재범在範과 손자 세건世鍵의 처가는 가격이 그리 높지 않은 평범한 양반집안이었던 것 같다. 세건의 아들 윤방潤邦은 정경세의 애제자로서 문명을 떨쳤던 조희인曺希仁의 후손가인 상주의 창녕조씨 집안과 혼인함으로써 혼반이 크게 상승했고, 아들 희복 또한 상주의 명문 풍양조씨 검간가문黔澗家門으로 장가를 갔다. 생활고를 견디다 못해

'구암신주'를 매안한 그의 부인은 검간 조정趙靖(1555-1636)의 6세손이었다.

　이후 종손 계열에서는 청도김씨, 옥산장씨, 덕산황씨, 밀양박씨, 창녕조씨, 풍양조씨 등과 혼인했고, 현종손 사익이 풍산류씨 집안에 상가를 든 것은 김종무 이후 두 번째로 맞은 하회 류씨와의 혼사라는 점에서 의미가 크다.

　(2) 사위 계통: '들성댁'과 '들성양반'

　구암종가에는 어떤 사람들이 사위로 들어왔고, 그들의 자손인 '구암외손'들 중에는 어떤 특별한 인물들이 있었을까? 이른바 '구암혈맥'은 이들을 포함해야만 실상이 드러나는 것이므로 이 테마는 가족사를 넘어 학술적으로도 매우 흥미로운 분야라 하겠다.

　먼저 김취문은 조개趙介·서준徐浚·박몽필朴夢筆 등 세 명의 사위를 두었다. 앞의 둘은 초취 인천이씨, 나머지 하나는 재취 광주이씨가 낳은 딸과 혼인한 사람들이다. 함안조씨 출신의 맏사위 조개는 생육신의 한 사람인 조려趙旅의 현손이었다. 그는 생육신의 자손답게 행의行誼가 특출하여 사림으로부터 '장자長者'의 기풍을 지닌 사람으로 평가를 받았다.

　하지만 그에게도 혼사에 따른 아픔이 있었다. 불행하게도 그는 아내 선산김씨와 혼례만 올렸을 뿐 신접살림조차도 꾸려보지 못했다. 아내 김씨가 혼례 뒤 청송 안덕安德에 계시는 시부모를 뵙기도 전에 친정에서 사망하는 불상사가 있었기 때문이다. 딸의 죽음은 김취문에게 비할 수 없는 아픔이 되었고, 도저히 그냥 보낼 수 없어 손수 묘지명을 지어 딸의 짧은 인생을 눈물로 적었다.

이름이 매梅였던 큰딸은 5세 때 어머니를 여의고 쓸쓸한 소녀시절을 보냈다. 비록 글을 배우지는 않았지만 아버지의 마음을 잘 헤아리는 지혜로운 숙녀였다. 큰딸에 대한 애정이 깊었던 김취문은 어렵사리 조개라는 아름다운 선비를 얻어 짝을 지어 주었건만 그 딸이 친정을 벗어나지도 못하고 생을 마감할 줄이야 상상이나 했겠는가? 임종 직전 딸은 아버지에게 다하지 못한 효도와 우애를 애틋하게 되뇌었고, 먼저 가신 어머니 곁에 묻히고 싶다고 했다. 아버지는 딸과의 약속을 지켰고, 어머니가 옆에 계시니 무서워하지 말라는 말로써 묘지명을 마무리하며 애통한 눈물을 흘렸다.

이후 조개는 상주주씨 찰방 주세란周世鸞의 딸과 재혼하였으나 여기서도 아들을 두지 못해 재종질 준도遵道(1576-1665)를 양자로 들여 가통을 이었다. 당시의 관행대로라면, 비록 피는 섞이지 않았지만 조준도에게 구암종가는 엄연히 외가였다. 따라서 김공과는 4촌의 척분이 있었는데, 그 또한 장현광을 깊이 신뢰하고 따른 여헌문하의 애제자였다.

조준도는 향학열이 깊어 1624년에는 인동의 부지암서당不知
巖書堂에서 『심경부주心經附註』와 『대학연의大學衍義』를 강론했고,
1634년(인조 12)에는 외가 고을인 선산의 원회당遠懷堂으로 장현광
을 찾아가 연일 학문을 토론하는 열의를 보이기도 했다. 장현광
의 금오서원 제향이 구암가문의 후원 속에 이루어졌다면, 청송
송학서원松鶴書院 제향은 사실상 조준도가 주선한 것이었다. 여헌
학의 계승과 발전에 미친 구암혈맥의 역할은 이처럼 뚜렷했던 것
이다.

둘째 사위 서준은 성종조의 문신 서팽소徐彭召의 증손이었
다. 서팽소는 조선초기의 대문장가 서거정徐居正의 조카였으므로
대구서씨 또한 유수한 명문임에는 틀림이 없었다. 서준 자신은
벼슬을 지내지 못했지만 아들 서경치徐景穉는 무과 출신의 관료
였다. 서경치는 자신의 외조부 김취문의 처가인 광주이씨 집안
으로 장가를 들었는데, 김취문의 처백부 이덕부李德符가 그의 처
조부였다. 이덕부의 증손자가 곧 후일 한강학파寒岡學派의 고제로
부상하는 석담石潭 이윤우李潤雨(1569-1634)였으니, 구암가문은 여
헌학통을 수용하면서도 척연을 통해 성주의 한강학파와의 유대
도 만들어갔던 것이다.

막내사위 박몽필은 박영의 증손자였다. 즉 김취문은 스승의
자손을 사위로 맞은 셈인데, 영광스럽고도 기쁜 일이 아닐 수 없

성주 회연서원

었다. 박몽필의 아들 박경길朴敬吉은 여헌고제 김응조金應祖(1587-1667)가 인정했던 학행이 순독純篤한 사람이었다. 효자였음에도 전란으로 인해 부모의 상을 예법대로 치루지 못함을 자책하여 평생토록 화려한 옷을 입지 않았으며, 증조 박영의 문집 간행에 성혈을 다할 만큼 가학 연원에 대한 애착이 깊은 선비였다. 몸은 검소했지만 마음은 늘 풍요로웠고, 용모는 비할 데 없이 수려했다고 한다. 학발동안鶴髮童顔의 신선 같은 모습, 시류에 얽매이지 않는 호탕한 성정, 시주詩酒를 즐기며 풍류를 사랑했던 아취는 송당과 구암의 혈통이 어우러져 빚어낸 가사佳士의 진면목이었으리라.

안동 의성김씨 청계종가

　　김종무와 아내 풍산류씨는 임란의 풍화 속에 목숨을 잃었지
만 사위 하나만큼은 일등 신랑감을 골랐다. 이들의 사위 김철金
澈은 안동 내앞川前 마을에 세거하던 의성김씨 출신이었다. 특히
그는 집안에서 '큰할아버지[大祖]'로 불리는 청계靑溪 김진金璡의
향화를 받드는 종손이었으니, 종족적 위상도 매우 높은 사람이
었다.

　　김철의 조부 김진은 강력한 경제력과 높은 교육열을 바탕으
로 '5자등과五子登科'의 위업을 달성한 집안의 중흥조였고, 아버
지 김극일金克一(1522-1585)은 퇴계문하에서 수학하여 문과에도 합
격한 뛰어난 학자·관료였다. 김철은 총명함과 학문의 독실함으

이종악의 산수유첩 중 낙연모색

로 어릴 때부터 주변의 칭송이 자자했던 사람이다.

공은 태어나면서부터 준수하여 보통 아이들과 달랐고, 조금
자라서는 총명하여 수립한 바가 있었다. 늘 정직한 자세로 남
을 속이지 않는 마음을 가졌으며, 독서와 글짓기를 좋아하고
널리 경사經史에 박통하여 글을 지으면 매양 사람을 놀라게 하

였다.

— 이현일, 『갈암집』 권24, 「성균진사 김철 묘갈명」

임진왜란 때는 류종개柳宗介(1558-1592)와 함께 의병을 일으켜 국난 타개에 앞장섰고, 난리통에 굶어 죽는 이웃을 보면 구휼에 힘써 인심도 크게 얻었다. 또한 그는 아내 선산김씨에 대한 믿음이 깊어 집안의 살림살이를 오로지 아내에게 위임했고, 선산김씨 또한 지아비를 지극한 정성으로 내조했다.

부인 선산김씨는 대사간 취문의 손녀이고 찰방 종무의 따님인데, 아름다운 덕과 정숙한 행실이 있어 남편을 예禮로써 섬기고 첩妾과 몸종들도 은택으로 잘 보살펴 주었다.

— 이현일, 『갈암집』 권24, 「성균진사 김철 묘갈명」

부부상경의 예법은 살가운 금실과 어우러져 김시온金是榲과 같은 우뚝한 선비가 출현할 수 있었다. 학문과 행의, 그리고 덕망으로 17세기 영남 유림사회에서 선비정신의 모델로 꼽힌 김시온은 의리정신에 철저한 선비였다. 병자호란 때 인조가 청나라에 항복한 뒤로는 안동의 와룡산臥龍山 아래 도연陶淵에 은거하며 명절名節을 지켜 '숭정처사崇禎處士'로 일컬어졌다. 김시온의 명절은 외조부 김종무의 충절과 일맥상통한다는 점에서 혈통의 중요성을 다시 한번 깨닫게 한다.

　김종무 대까지의 사위들이 영남의 일등 신랑들이었다면 김공은 서울 명문가의 자손에게 딸을 시집보냄으로써 통혼의 폭이 넓어지고 또 다채로워지게 하였다. 김공의 큰사위 심진沈櫓은 명문 청송심씨 출신이었다. 5대조 심연원沈連源은 영의정을 지냈고, 고조 청릉부원군青陵府院君 심강沈鋼은 선조의 장인이었으니, 집안의 화려함은 짐작하고도 남음이 있다. 더욱이 조부 심엄沈㤿이 구사맹의 사위였으므로 아버지 심정세沈挺世는 인조와 이종사촌 간이었고, 심정세는 또 김제남金悌男의 사위가 되었으므로 인목대비仁穆大妃는 심진에게 외사촌 누나가 되었다. 이런 혁혁한 집안에서 사위를 본 것은 구암가문과 김공의 사회학문적 지위와 영향력을 반영하는 것이었고, 서울의 도회문화가 구암종가로 유입될 수 있는 가능성을 시사하는 것이기도 했다.

　하지만 18세기에 접어들어 구암종가의 가세가 위축되면서 이런 흐름은 더 이상 활성화 되지 못했다. 혼반은 가격家格을 가늠하는 잣대라는 말이 실감나게 종가와 혼인한 사위들의 면면도 이전에 비해 훨씬 떨어졌다. 물론 전주최씨 인재가문訒齋家門, 덕산황씨 고산가문孤山家門 등 선산의 대표적 사족 집안의 자손들을 사위로 맞기는 했지만 사환 또는 학문적으로 두각을 드러낸 사람은 없었기 때문이다.

제2장 종가의 역사

1. 불천위 행적과 역사적 의미: 구암久庵 김취문金就文

1) 구암의 가족들

(1) 친가: 인자仁慈한 부모와 엄형嚴兄

김취문이라는 뛰어난 학자·관료의 출현과 거기에 따른 구암종가의 형성과 발전은 한 개인의 역량과 노력으로 만들어진 것이 아니다. 적어도 3대의 적공 속에서 국가·사회에 이바지하는 인재가 만들어진다는 것이 조선시대 사람들의 통념이었다. 3대를 추중하는 '증직제도贈職制度' 또한 그런 통념이 제도화 된 것임은 주지의 사실이다.

선산 땅으로 낙향의 물꼬를 튼 사람은 김취문의 5대조 화의
군和義君이었지만, 선산을 실질적 터전으로 삼아 집안을 일으킨
주역은 조부 김제金碑였다. 김취문과 구암종가의 역사에서 김제
의 존재를 빠트릴 수 없는 이유도 여기에 있다. 서울에서 성장하
여 내금위內禁衛 벼슬을 살던 김제는 훈구파와 사림파의 반목과
대립을 보면서 정치에 환멸을 느끼기 시작했다. 비록 임금을 호
위하는 미관 말직이었지만 그의 눈에 비친 정치 현실은 암담했
고, 일신은 물론 집안을 지키기 위해서라도 결단을 내려야 했다.

이때 그가 선택한 것이 증조 화의군의 자취가 서린 선산으로
의 낙향이었다. 화려한 서울생활을 정리하고 시골로 내려오는
심정이 그리 편치는 않았을 것이다. 1474년(성종 5) 그가 선산 고
남리古南里에 정착했을 때 부양 가족은 아내 순창설씨를 비롯하
여 13세의 맏아들 광필匡弼, 11세의 둘째 아들 광보匡輔, 9세의 막
내아들 광좌匡佐, 그리고 세 명의 딸까지 모두 입곱이었다. 그는
1482년(성종 13)에 생을 마감하였으므로 선산 생활은 길지 않았
다. 하지만 비록 짧은 기간이었지만 자녀교육만큼은 정성을 다
했고, 물심 양면의 지원을 아끼지 않았다. 모른긴 해도 그는 아들
들이 문신·학자로 우뚝 성장하여 집안을 빛내주기를 여망했을
것이고, 이를 위해 아버지로서 할 수 있는 모든 노력을 다했던 것
이다.

이런 노력 때문이었을까. 자녀들은 반듯하게 성장해 주었

다. 아버지 손에 이끌려 고향으로 내려올 때만 해도 모든 것이 불편하고 낯설었다. 하지만 이들은 점차 환경에 잘 적응했고, 공부에도 열정을 다함으로써 '김씨집안'의 서광이 비치기 시작했다. 작은아들 광보는 뜻이 크고 신중한 선비로 성장했다. 부모에 효도하고 아우들을 우애로 대함은 물론 다급한 경우에도 말을 빨리 하거나 당황스런 표정을 짓는 일이 없었다. 안자顏子에 손색이 없었던 그의 학문 태도는 주변의 부러움을 샀고, 호연浩然한 마음으로 뜻을 기르겠다는 의미에서 호양재浩養齋를 지어 학문에 매진하자 세상 사람들은 그의 넓은 도량과 기상에 감탄하지 않을 수 없었다. 학우등사學優登仕라 했던가. 그의 넉넉한 학문은 금세 알려졌고, 조정에서는 충순위의 직첩을 내렸지만 이를 달가워할 그가 아니었다. 벼슬한 지 며칠이 되지 않아 고향으로 돌아와 학문에 전념했을 때 그의 명성과 집안의 격은 한층 더 높아졌다. 학문과 삶에 대한 진지함은 불멸의 가치인 덕德이 되었고, 그 덕은 그의 자손들이 도량동道良洞을 터전으로 삼아 사림사회가 주목하는 집안으로 성장·발전하는 자양분이 되었다. 도량동은 아우 광좌가 이주한 들성과는 5리 정도 거리에 있으며, 두 마을은 '싸리고개[米峴]'를 통해 쉽게 왕래할 수 있었다고 한다.

한편 막내아들 광좌 또한 호학의 자품에 남을 포용할 줄 아는 넉넉한 인품을 타고난 사람이었다. 평생 다른 사람과 말다툼조차 하지 않았으며, 처신이 원만하여 남의 비난을 사는 일도 없었다. 하지만 그도 유학자였기에 지켜야 할 금도는 있었다. 1545년 7월 병세가 위독하자 가족들이 영결을 위해 병석으로 모여들었다. 이 중에는 아내와 딸 등 부녀자도 있었다. 정신이 혼미한 중에도 그는 '남자가 죽을 때는 부녀자의 손에서 죽지 않는다.'라는 유가의 예법에 따라 아내와 딸을 물러나게 한 뒤에 숨을 거둘 만큼 선비로서의 자기관리에도 철저한 사람이었다.

무엇보다 그는 송당 박영의 학자적 그릇을 알아보고 아들들을 그 문하에 보내 수학하게 함으로써 다음 시대를 준비하는 선견지명이 있었다. 이 판단은 '들성김씨'가 명문으로 도약하는 결정적인 계기가 되었다는 점에서 의미가 컸다. 큰아들 취성으로부터 시작된 송당문하 입문의 발걸음은 어느새 동생들에게로까지 확산되었다. 이로써 들성에는 '송당학'의 문향이 진하게 피어올랐고, 그 대미를 화려하게 장식한 사람이 바로 김취문이었던 것이다.

그랬다. 김취문에게는 자녀교육의 중요성을 아는 할아버지가 있었고, 그 정신을 잘 계승하여 가풍으로 정착시킨 큰아버지와 아버지가 있었던 것이다. 집안의 분위기가 이러했기에 학인의 탄생은 예견된 것이나 마찬가지였다. 특히 '송당학松堂學'이라는 당대 일류 학문과의 인연을 맺어준 아버지 김광좌의 안목은 참으로 탁월했다.

김취문의 학문적 성장은 김취성을 비롯한 친형제 및 사촌형제들과의 상마相磨의 과정에서 얻어진 소담한 결실이었다. 어떤 측면에서 송당학은 선산김씨 일문의 가학적 요소를 좀 더 정련하게 한 것인지도 모른다. 친형 또는 종형들 중에는 이미 사환이나 학문에 두각을 드러낸 사람이 적지 않았기 때문이다. 예컨대 백부 광필의 장자 취정就精은 1510년(중종 5) 생원시에서 조광조와 함께 공동으로 장원했고, 1519년에는 별시 문과에도 합격한 준재였다. 특히 그는 화의군의 선산 낙향 이후 배출된 첫 번째 문과 합격자로 비록 고관은 아니지만 중앙의 요직인 병조정랑을 지냈으므로 관료로서도 성공한 사례였다. 김광필의 둘째 아들 취용就鏞 또한 진사시에 입격하여 충순위의 직함을 가졌으니, 형제 모두 집안의 사환전통을 착실히 계승했다고 할 수 있었다.

중부 광보의 아들들도 집안의 가학과 가풍을 잘 이어갔다. 장자 현俔은 아호가 신암愼庵으로 효우와 문장으로 명성이 자자했고, 차자 질侄은 성균진사를 지냈으며, 4자 신信은 참봉을 지냈다. 특히 김현의 손자 김겸金謙은 임진왜란 때 재종숙 김종무와 함께 상주 북천 전투에서 순절한 인연이 있었다. 그 또한 시신을 찾지 못해 의관장을 치르는 애환이 따랐지만 두 사람의 충혼은 선산김씨에게 '충절의 집안'이라는 숭고한 명성을 안겨 주었다.

이처럼 김취문의 종형제들 중에는 학자·관료로서 명성을 떨친 사람도 있었고, 문장과 행의로써 칭송을 들은 사람도 있었다. 비록 이들이 각기 도량과 들성에 거주함으로써 잦은 회합은 어려웠을지라도 '한 집안' 이라는 의식만큼은 돈독했고, 서로의 장점을 배우기 위해 노력했을 것이다. 예컨대 김취문은 필시 종형 취정의 등과와 관료적 진출을 보면서 청운의 꿈을 키웠을 것이고, 그 꿈은 각고의 노력과 어우러져 마침내 현실이 되었다. 좋은 집안이란 무엇인가? 주변에 배울 점이 많고, 나를 위해 충고를 해줄 수 있는 사람이 많은 집안이 바로 명가이다. 이 점에서 김취문은 그 누구보다도 훌륭한 여건을 갖춘 집안의 자제였던 것이다.

김취문이 16세기를 풍미하는 학자·관료로 발돋움하는 데 가장 중요한 영향을 미친 사람은 역시 백형 취성을 비롯한 여러 형제들이었다. 특히 17세 연상이었던 김취성은 부모처럼 따른 형이자 엄한 스승이었다. 오죽했으면 김취문이 그의 묘지명을 지으면서 '형兄' 이라 하지 않고 '선생先生' 이라 칭하였을까 싶다. 김취문에게 백형은 태산처럼 믿고 의지할 수 있는 언덕이었다. 송당문하에 나아가 수준 높은 학문을 접할 수 있었던 것도 형이 미리 닦아 놓은 바탕이 있었기 때문이었다.

김취문이 기억하는 백형은 효성스럽고 높은 뜻과 큰 절개를 지닌 사람, 스승 박영의 신임을 받으며 주자학의 묘리를 터득했던 송당문하의 고제, 김안국金安國·이언적李彦迪과 같은 석학들로부터 학행을 인정받아 천망에 오른 일국의 원로, 해박한 의학지식으로 수천 명이나 되는 사람의 목숨을 구한 애민愛民의 지식

서산재

인이었다. 이런 형은 언제나 그의 자랑이자 든든한 후원자였고, 조정에 나아가서도 사람들이 자신을 '누구의 아우' 라고 일컬을 때는 더없이 기뻤다. 그런 형이 1550년(명종 5) 향년 59세로 생을 마감했을 때 그가 감당해야 했던 슬픔의 감정은 이런 것이었다.

나 동생은 원통하고 형님을 사모하는 마음과 간담이 찢어지고 찢어지는 것 같습니다. 거듭 생각해 보니, 돌아가신 형님은 불행하게도 세상에 등용되지 못했고, 사업도 이렇다 할 만한 것이 없으나 오직 도덕의 아름다움은 세상에 알려야 하는데, 아는 자가 또한 드물었습니다. 동생인 내가 형보다 못나 능히 형님의 뜻을 이어받아 업을 마치지 못하고 아름다운 덕을 만의

하나라도 세상에 나타내지 못한 채 감히 형님의 뜻과 학업의
대강만을 이와 같이 기술할 뿐입니다.
— 김취문, 『구암집』, 「진락당선생묘지」

   그가 진정으로 가슴 아파했던 것은 백형이 높은 벼슬을 지내
지 못했고 큰 사업을 행하지 못했기 때문이 아니라, 형의 진면목
인 도덕의 아름다움을 드러내지 못한 동생으로서의 죄스러움 때
문이었다. 비록 형은 떠났지만 마음으로 슬퍼하는 아우가 있었
기에 그것은 슬픔을 넘어 아름다운 우애友愛의 장면으로 남았다.
   정도의 차이는 있었을지 몰라도 형제상마兄弟相磨의 돈독함
은 다른 형들도 마찬가지였다. 덕망이 높고 도량이 넓었던 둘째
형 김취기는 김취문에게 대인 관계의 모범이 되었고, 문장으로
명성을 날린 셋째 형 취연은 문학적 성장에 도움을 주었다. 문한
이 세련되고 지조가 고결했던 넷째 형 취련은 김취문에게 엄사가
따로 없었다. 백형이 인후한 아량으로 아우들을 이끌었다면 취
련은 엄격한 방식으로 자제들을 교육함으로써 들성김씨의 가학
과 가법을 더욱 반듯하게 정립하였다. 김취문은 학문과 행신의
도리에 있어 인후함, 덕스러움, 엄격함으로 대변되는 형들의 장
점들을 흡수하면서 성장할 수 있었으니, 좋은 집안에서 양질의
교육을 받고 자란 사람이란 바로 그를 두고 하는 말일 것이다.
   여기에 중종~명종조의 명신으로 일컬어졌던 큰자형 송희규

宋希奎(1494-1558)는 나라의 녹을 먹는 관인이 어떻게 처신해야 하는지를 행동으로 보여주었다. 김취문보다 15세가 많았던 송희규는 1519년 문과에 합격한 관료이자 영남학의 기초를 세운 이언적과도 교유가 깊은 학자였다. 1534년(중종 29) 선정관善政官으로 선발되었을 때는 양리良吏의 표본이 되었고, 1545년 문과 중시에 합격했을 때는 학식과 문장으로 세상을 놀라게 했으며, 1547년 당대의 권신 윤원형尹元衡을 탄핵하다 유배되었을 때는 직언지사直言之士라는 명예로운 이름까지 얻었다. 이처럼 송희규는 학식과 문장, 경륜과 식견, 청렴과 직도 등 관료의 덕목을 두루 갖춘 인물이었다. 이런 면모는 같은 조정에서 벼슬을 살았던 손아래 처남 김취문에게 좋은 본보기가 되었을 것 같다. 1558년(명종 13) 송희규를 애도한 시에서 처남·매부로서의 인간적 정서에 더하여 사회적 선배 또는 관료적 선임자에 대한 존경과 비통의 마음을 곡진하게 표현한 것도 이 때문이었다. 아울러 송희규의 행장을 지으면서 '부귀에도 마음이 흔들리지 않고, 위무威武에도 뜻을 굽히지 않은 대장부'라는 찬사를 덧붙인 것을 보면 김취문은 그를 관료적 멘토로 여겼음이 분명했다.

(2) 외가: 문전옥답門前沃畓의 부잣집

김취문의 외가인 선산임씨는 어떤 집안이었을까? 우선 호지라는 뛰어난 관개시설을 갖춘 마을을 차지하고 있었다는 점에서 상당한 경제력을 갖춘 집안임을 알 수 있다. 예나 지금이나 경제력은 탄탄한 사회적 지위가 뒷받침되어야 오래 유지될 수 있는 법이다. 그렇다면 이 집안의 환력은 어느 정도였는지 궁금하지 않을 수 없다. 외조부 임무林珷는 통정대부 상호군, 외증조부 임우인林遇仁은 부사직, 외고조부 임봉생林鳳生은 예빈시랑禮賓寺郎을 지냈고, 어머니의 외조부 김계형金繼亨은 훈련원 참군의 직함을 갖고 있었다. 대체로 실직이 아니거나 하급의 무반직을 지냈음을 알 수 있다. 이처럼 김취문의 외가는 벼슬이 그다지 화려하지 않음에도 불구하고 탄탄한 경제력을 갖추고 있었기 때문에 김광좌와 같은 명문가의 자제를 사위로 들일 수 있었다. 무엇보다 그의 외손들이 크게 번창함으로써 '들성마을'의 존재를 한층 드높일 수 있었다. 들성김씨들은 은혜를 알고 갚을 줄 아는 사람들이었다. 아들이 없었던 외선조 임무의 제사를 지금껏 받들고 있기 때문이다.

(3) 처가: 서울에서 내려온 문벌가

김취문은 두 명의 아내를 두었는데, 두 번째 처가가 바로 칠곡의 광주이씨였다. 광주이씨는 한때 '광이창성廣李昌成'으로 지칭되며 문벌가문의 상징처럼 인식되었던 명족이었다. 이집李集

의 문장과 절조節操, 이지직李之直의 청백淸白 등 유교적 이념과 가치에 충실했던 선대의 행적은 하나의 가풍으로 이어졌고, 이런 토대 위에서 이지직의 세 아들 장손長孫·인손仁孫·예손禮孫이 문과에 합격하여 청요직을 수행함으로써 문로가 혁혁해졌다. 특히 극규克圭·극배克培·극감克堪·극증克增·극돈克墩·극균克均·극기克基·극견克堅 등 이른바 '8극八克' 시대에 이르면 전성기를 구가하게 되는데, 성현成俔은 자신의 저술 『용재총화慵齋叢話』에서 광주이씨의 번화繁華를 다음과 같이 평가했다.

지금 문벌이 번성하기로는 광주이씨가 으뜸이고, 그 다음으로는 우리 성씨만한 집안이 없다. 광주이씨는 둔촌遁村 이후로 점점 커졌으니 둔촌의 아들 지직之直은 참의였다. 참의는 아들이 셋인데 장손長孫은 사인이었고, 인손仁孫은 우의정이었고, 예손禮孫은 관찰사였으며, 사인의 아들인 극규克圭는 지금 판결사로 있다. 우의정에게도 다섯 아들이 있었는데, 극배克培는 영의정 광릉부원군廣陵府院君, 극감克堪은 형조판서 광성군廣城君, 극증克增은 광천군廣川君, 극돈克墩은 이조판서吏曹判書 광원군, 극균克均은 지중추知中樞였으니, 모두 1품에 올랐는데, 이 네 아들은 공이 있어 군君으로 봉한 것이다.

—성현, 『용재총화』

8극의 막내 이극견의 손자 이인부가 김취문의 장인이었다. 서울을 중심으로 하여 근기 일원인 광주와 서울을 왕래하며 혁혁한 문벌을 이루었던 광주이씨의 한 지파가 성주에 정착한 것은 이인부의 부친인 이지李摯 때였다. 이극견李克堅의 둘째 아들인 이지는 아버지의 성주 임소에서 시종하다 영천최씨 최하崔河의 딸과 혼인하게 되면서 지금의 칠곡 땅인 성주 웃갓마을[上枝里]에 정착하게 되었던 것이다. 비록 이지는 사환과는 일정한 거리가 있었으나 당대 최고의 문벌가문의 자제였고, 처가 또한 성주 일대에 강력한 재지적 기반을 구축하고 있었다는 점에서 사회적 기반은 탄탄했던 것으로 생각된다.

이지의 성주 정착은 단순히 거주지의 이동을 넘어 향후 자손들의 정치·학문적 행보에 중요한 영향을 미쳤다. 그의 큰아들 이덕부는 신천강씨 강중진康仲珍의 딸과 혼인하였는데, 강중진은 김숙자의 외손자로서 외숙 김종직에게 수학하여 사림파 학통의 정맥을 이은 학자였다.

혼맥에 바탕한 영남사림과의 유대는 여기서 그치지 않았다. 이지의 맏아들 준경遵慶이 김취성金就成의 딸을 아내로 맞은 것이었다. 이 혼사가 맺어진 사유는 자세하지 않다. 다만 김취성·취문의 스승 박영의 처가 또한 광주이씨였다는 사실도 분위기를 짐작하는 데 일정한 참조가 될 수 있을 것 같다. 박영은 8극의 한 사람인 극배의 손서였으므로 처족과 애제자 집안의 통혼을 주선했을 가능성은 얼마든지 있다. 김취성의 딸이 1514년생이므로 이 혼사가 박영의 생전에 이루어졌음도 분명하기 때문이다.

　이준경이 선산김씨를 아내로 맞은 것은 참으로 길혼吉婚이었던 것 같다. 후일 한강문하寒岡門下의 고제로 등장하는 이윤우李潤雨는 이준경의 손자였고, 숙종조 남인정권의 실력자였던 이원정李元禎・담명聃命 부자는 이윤우의 후손이었다. 특히 이윤우李潤雨→도장道長→원정元禎→담명聃命・한명漢命→세원世瑗으로 이어지는 계통에서는 '4대한림四代翰林'이 배출되는 등 문호가 혁혁했다. 이 점에서 송당학의 학술문화적 인자는 광주이씨의 성장과 한강학파의 발전에까지 영향을 미쳤던 것이다.

　그리고 이 혼인은 김취문이 광주이씨 집안에 장가드는 데 중요한 계기가 되었다. 나이 다섯 살 적은 질녀가 먼저 시집을 왔고, 이로부터 약 10여 년 뒤에 숙부가 다시 장가를 왔다. 선산김씨와 광주이씨 사이에 대를 이어 연혼이 이루어진 것이다. 혼인은 촌수 계산도 다소 복잡하게 했다. 친정으로 치면 숙질이던 두 사람이 광주이씨에 기준하면 동항인 4촌간이 되기 때문이다. 이런저런 집안 행사로 서로 만났을 때 호칭에 약간의 어려움은 있었겠지만 어떤 경우에도 숙질간의 정리와 법도만큼은 반듯하게 지켜졌을 것이다.

　김취문은 백형 취성이 가장 아낀 동생인데다 자신의 딸의 시댁으로 장가까지 간 탓에 여러모로 의지가 되었다. 1549년 김취성이 이준경에게 시집간 딸에게 재산을 상속할 때 아우 취문을 증인으로 삼은 것도 이런 마음 때문이었으리라.

1549년은 김취성이 사망하기 두 해 전이다. 이 무렵 김취성은 상속 문제를 마무리하려 했던 것 같고, 10월 어느 날 두 아우 취문과 취빈을 불러 한 사람은 증인으로, 다른 한 사람은 분재 문서를 집필하게 했다. 분재 대상은 이준경의 아내인 큰딸, 양자 김절金節, 양손 일남一男 등 모두 셋이었다. 누대의 제사를 받들어야 하는 주손이었음에도 아들이 없었던 김취성은 첫째 아우 취기의 장자 절節을 양자로 들여 가통을 이었다.

이 분재에서 큰딸에게 주어진 재산은 노비 21구, 전답 200마지기였다. 딸도 아들과 차별없이 부모의 재산을 균등하게 받을 수 있는 것이 당시의 관행이었다. 이렇게 들성의 김씨 집안에서 소유했던 종과 전답이 성주 고을 이씨집안의 재산으로 옮아갔던 것이다. 그 대신 다른 고을 다른 집안의 재산이 같은 방식으로 들성으로 유입되었음은 두말할 나위가 없었으니, 이런 것이 이 시대 사람들의 나눔의 방식이자 규칙이었다.

김취문의 장인 이인부李仁符는 1519년(중종 14) 현량賢良 무과에 합격하여 구례求禮 현감을 지냈다. 잘 알다시피 현량과는 조광조趙光祖 등 기묘사림들이 주관한 과거가 아닌가? 그렇다면 이는 이인부는 사림파 계열에 속했고, 비록 무과지만 현량방정한 자질을 갖춘 엘리트 무관으로 주목 받았음을 뜻했다. 그러나 기묘사화가 발생하여 조광조가 사약을 받고 사림파들이 축출되는 상황을 목격하면서 단호하게 벼슬을 버렸다.

이인부는 풍류와 멋을 아는 사람이었던 것 같다. 고향으로 돌아온 그는 강변에 정자부터 지었다. 개울에 임한 그 정자는 맑고 깨끗한 언못을 갖춘 무척 아름다운 공간이었다. 하지만 그는 이 공간을 자신만의 구역으로 여기지 않았다. 아름다운 계절이나 적적한 때를 만나면 친지나 친구들을 불러 거문고를 타고 시를 지으며 소일했다. 어쩌면 그는 세상에 대한 분노를 이렇게 해소했는지도 모른다.

이인부는 명문가 출신에다 자질 또한 준수하여 좋은 집안에서 아내를 맞았다. 관찰사를 지낸 권희맹權希孟(1475-1525)이 바로 장인이었다. 1519년 나주목사에 재직했던 권희맹은 조광조가 능성에서 죽음을 맞자 세간의 이목에 아랑곳하지 않고 장례를 지낼 만큼 의리를 아는 인물이었다. 이런 사람의 딸이라면 그 부덕을 족히 짐작할 수 있었지만 권씨 부인은 자녀를 두지 못하고 사망하고 만다.

그 뒤 이인부는 진사를 지낸 창산장씨昌山張氏 장심張諶의 딸과 재혼하여 4남 1녀를 두었는데, 외동딸 사위가 바로 김취문이었다. 이인부의 네 아들 가운데 장자 백죽栢竹이 참봉, 3자 춘남春南이 충순위의 직함을 가졌을 뿐 전반적으로 사회적 활동이 드러나지는 못했다. 이런 상황에서 문과 출신의 엘리트 관료를 사위

로 맞았으니 광주이씨로서는 큰 경사가 아닐 수 없었다. 짐작컨
대 김취문의 혼례 날은 성주·칠곡 두 고을이 들썩였을지도 모를
일이다.

처남들의 환력은 미미했지만 처가 쪽 인척들의 면면을 자세
히 들여다 보면 주목할 만한 인물이 적지 않았다. 우선 큰처남 이
백죽李栢竹은 성주에 살던 광주이씨光州李氏 출신의 이홍량李弘量
을 큰사위로 맞았는데, 광주이씨는 자신들의 가학 연원淵源을 이
황→정구로 설정할 만큼 한강학寒岡學에 대한 계승의식이 확고했
던 선비집안이었다. 이홍량은 정구의 처남으로, 자신은 물론 아
들 난귀蘭貴·난미蘭美와 사위인 곽주郭澍·이중무李重茂 등 5명이
한강문하를 출입할 만큼 한강학파에서의 위상이 높았다.

둘째 사위 박배朴培 계열 또한 한강학파의 주역으로 활약했
다. 박배의 큰사위 서사원徐思遠(1550-1615)은 대구지역 한강학파를
대표하던 석학이었다. 경상도 관찰사로 발령이 나면 가장 먼저
부임 인사를 드린 사람이 서사원이었으니, 그 위망은 짐작하고도
남음이 있다. 금호강변의 선사仙槎에서 강학했던 그는 이원익李元
翼·정경세鄭經世·이덕형李德馨·윤훤尹暄 등 경향의 명사들과
두루 교유했고, 342명에 이르는 한강문인의 상당수도 본디 그가
육성한 인재들이었다. 역시 대구출신인 채몽연蔡夢硯(1561-1638) 또
한 정구의 기대와 사랑을 받은 제자였다. 현재 성주 회연서원檜淵
書院 경내에 있는 '한강신도비寒岡神道碑'도 그의 주장에 의해 문

금호선사선유도

한강신도비

장을 다듬고 또 다듬어서 세운 것이다.

　셋째 처남 이춘남은 황해도 관찰사를 지낸 곽월과 사돈을 맺었다. 곽월郭越의 막내아들 곽재기郭再祺가 바로 그의 손서인데, 곽재기는 임진왜란 때의 영웅 홍의장군 곽재우郭再祐의 아우이기도 했다. 이춘남의 사위 이운룡李雲龍 또한 임진왜란사에 빛나는 위인이었다. 무과 출신인 이운룡은 임란 초기 이순신과 원균이

합세하여 승첩한 옥포해전玉浦海戰의 숨은 공로자였고, 1596년에는 이순신의 천거로 경상좌수사를 지내며 조선의 해안 방어에 혁혁한 공을 세웠다. 이런 공로로 인해 1604년에는 선무공신 3등에 녹훈되고 식성군息城君에 봉해졌다.

위에서 소개한 이홍량·박배·이운룡은 김취문의 아들 종무·종유·종한과 4촌의 척분을, 이난귀·이난미·곽주·이중무·서사원·최몽연·곽재기는 김취문의 손자 김공과 6촌의 척분을 갖는 가까운 인척들이었다. 이 가운데 김종무·이운룡의 충의는 우리 국방사에 길이 남을 위업이라 할 것이다. 그리고 김취문에 의해 성주·대구지역으로까지 확산되었던 학술적 연계망은 후일 손자 김공의 학자적 성장에 중요한 밑거름이 되었다. 여기에 처백부 이덕부의 내외자손인 이윤우·손처눌·도성유·이도장·박민수·장해·이원정·장벽까지를 포함하면 인적 연계망의 탄탄함은 어디에 비겨도 손색이 없었다.

2) 김취문의 학자·관료적 면모와 후대의 인식

(1) 학자적 면모: 명성明誠을 함양하고 절의節義를 실천한 군자유君子儒

조선은 유학의 나라였고, 유학의 여러 갈래 중에서도 성리학으로 불리는 주자학朱子學을 신봉했다. 주자학이 이 땅에 유입된 것은 고려후기였지만 그것이 사회 전반에 뿌리를 내린 것은 16세기였다. 이황이 만고의 사표師表로 칭송되는 것도 주자학의 토착화를 이룬 공로 때문이었다. 그런 이황조차도 나이 마흔이 되어서야 주자학 공부에 천착하게 되었고, 이로부터 30년 세월을 투자한 끝에 이 땅의 '큰스승'으로 자리매김될 수 있었던 것이다.

조선의 유학사는 이황李滉·조식曹植·서경덕徐敬德·이이李珥·성혼成渾 등 특정 학파를 이끈 학자들에게 지나치게 많은 부분을 할애하고 있지만, 따지고 보면 김취문도 16세기 조선의 학술과 문화를 일군 개척자의 한 사람이었다. 학문을 중시하는 문치국가에서 시례詩禮를 업으로 삼는 집안의 자제가 공부에 힘쓰는 것은 자연스럽고도 당연한 일이었지만 그 환경과 여건은 저마다 달랐다. 1509년(중종 4) 김취문이 태어났을 때 집안에는 이미 학문의 향기가 가득했다. 자상하면서도 엄했던 아버지는 아들들에게 가학家學을 주입하며 바른 길로 인도했고, 그런 분위기 속에서 자란 형들은 이미 상당한 학식을 갖춘 선비로 성장해 있었다. 연로한 아버지를 대신하여 맏형이 아우들의 교육을 대신할 수 있는 집안, 그것이 바로 학문의 저력을 지닌 '선비집안'이었다. 송당문하의 고제였던 맏형 김취성의 훈육 속에 김취문은 하루가 다르게 학업이 발전해 갔다. 그가 형에게 배운 것은 지식만이 아니라 선비로서의 반듯한 행의와 양반으로서의 정중한 법도를 포괄

하는 것이었다. 즉, 김취성은 아우 취문에게서 학자적 재능과 관료적 자질을 함께 보았던 것이고, 입신할 때를 대비하여 다스리는 자가 갖추어야 할 덕과 리더십을 함께 가르쳤던 것이다. 가정에서의 공부가 충분하다고 판단한 형은 아우를 데리고 더 큰 선생에게로 가서 가르침을 청했다. 바로 '송당선생松堂先生'이었다. 이렇게 형제는 무려 17년의 터울이 있음에도 송당문하의 동문이 되었다.

김취문이 송당문하에서 배운 것은 유가儒家의 보편적 지식이 아니었다. 그가 큰 스승으로부터 진정으로 체득하고자 했던 것은 타고난 본성을 잃지 않고 착한 성품을 기르고 살피는 것이었다. 이것이 바로 이 시대가 추구했던 학풍인 '도학道學'·'심학心學'이었다. 그는 도학의 체화를 위해 일상에서도 검소하고 욕심을 줄이기 위해 애를 썼고, 인간의 기본 도리인 효제충신孝悌忠信을 행하는 데 각고의 노력을 다했다. 사람을 대할 때는 결코 모난 행동이나 말을 하지 않았으며, 남이 보지 않는 곳에서 자신을 더욱 엄격하게 단속했다. 이것은 수학의 단계를 넘어 수도의 경지에 이르는 학문적 역정이었고, 그 정점에는 존양存養과 성찰省察이 자리하고 있었다.

김취문이 평생을 애독한 책은 『중용中庸』과 『주자대전朱子大全』이었다. 특히 『중용』은 일생 동안 그가 끼고 다닌 애독서였다. 『중용』은 그에게 학문적 장식품이 아니었다. 진정 그가 행하고자

중용

했던 것은 몸과 마음, 그리고 행신行身과 처세處世에 있어 중용을
유지하는 것이었다. 이 점에서 『중용』은 그의 학문적 부적符籍이
었다. 평생 『소학小學』을 애독한 한훤당 김굉필金宏弼에게 '소학
동자小學童子'라는 예칭이 붙었다면 김취문에게는 '중용선비'라
는 칭호가 잘 어울릴 것 같다.

　　김취문에게 김취성이 '집안의 스승'이라면 박영은 외부外傳,
즉 '바깥 스승'이었다. 그에게는 또 다른 바깥 스승이 있었는데,
바로 용암龍巖 박운朴雲(1493-1562)이었다. 선산 출신이었던 박운은
박영·김취성과 함께 16세기 선산학풍善山學風을 이끌었던 석학

이었다. 인품이 고결하고 학문이 뛰어나 인근의 많은 선비들이
그를 따랐는데, 김취문도 그 가운데 한 사람이었다.

명불허전이라 했던가? 박운의 학자적 명성은 결코 헛되지
않았다. 용암문하를 출입하며 강론을 거듭할수록 김취문은 박운
의 학문적 신시함과 깊이에 빠져들었다. 특히 세속을 초월한 듯
한 학자적 향기는 청년 김취문을 매료시키기에 충분했다.

> 용암龍巖 선생에 대해 형언하기 어려운 곳은 밤이 오래도록 도
> 를 논함에 즐거운 마음으로 권태하지 않았으며, 때로 달빛이
> 낮과 같이 밝고 만물이 고요하면 입으로 시를 읊조리며 산책
> 할 때의 그 쇄락灑落한 표정을 지켜보며 곁에서 수행하노라면
> 흉금이 저절로 상쾌해졌다는 데 있다.
>
> ─김취문, 『구암집』, 「구암행장」

군계일학群鷄一鶴의 선비 김취문에 대한 박운의 기억도 자못
특별했다. 좀체 남을 칭찬하지 않는 그였지만 김취문에게만은
예외였다. 진정으로 그를 아끼고 사랑하는 마음은 아호를 지어
주는 단계로까지 진전되었으니, 김취문의 아호 '구암久庵'은 두
석학의 차원 높은 소통의 정표이자 결실이었다.

식견과 도량이 밝고 바르며 진리를 알아보는 것이 가장 정밀

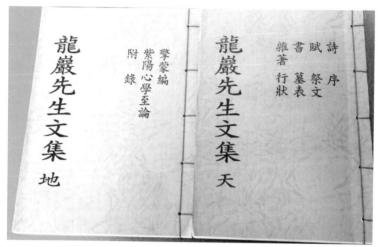

용암선생문집

하여 여러 생도들 가운데 으뜸이다. … 용암선생이 이르길,
"문지文之는 맑은 냇물이 세차게 흐르다가 조금 고요하게 그
칠 때와 같으니 모름지기 별호를 구정이라 할 만하네."라고 하
였다. 선생이 그 경계를 따라 별호를 구암久庵이라 했다.

－김취문, 『구암집』, 「구암행장」

이들의 관계는 '사제동행師弟同行'이란 말이 딱 어울릴 만큼
정겹고 친절했다. 후일 김취문은 벼슬길에 올라 고향을 떠나 있
을 때면 자주 안부의 편지를 보내 사모하는 마음을 전했고, 그때
마다 박운은 따스한 말을 적어 제자를 위로하고 면려하는 답장을

보내곤 했다. 이렇게 두 사람은 가르침과 배움이라는 교육 행위를 통해 인간에 대한 사랑과 존중의 의미를 실천해갔다. 그리고 박운의 저술 『격몽편擊蒙編』의 발문을 붙였을 때, 이들은 진정 학문적 일심동체가 되었다.

김취문은 심취싱·박운과 함께 학문을 토론할 때면 행복감이 충만했고, 이들의 이상理想과 사유思惟, 그리고 세상을 향한 애착을 접목시킨다면 고금의 어떤 시대나 나라보다 훌륭한 사업을 이룩할 수 있다는 확신을 가졌다.

> "오늘 이 방의 모임은 삼대의 훌륭한 사업이라도 이룩할 만하
> 다."라고 했으니 선생 스스로의 포부가 대개 이와 같았으며,
> 사람들도 선생을 공보의 재국으로 기대하였다.
>
> ─김취문, 『구암집』, 「구암행장」

결국 김취문은 박영에게서 발원하여 김취성金就成·박운朴雲을 거치면서 더욱 정제되고 다듬어진 송당학을 국가 및 사회의 발전을 위해 적용해 보고 싶은 포부가 있었던 것이다. 이 점에서 그가 지향했던 것은 '책상머리 공부'가 아니라 세상을 구제하고 사람을 이롭게 하는 경세제민經世濟民의 학문이었던 것이다.

'글로써 벗을 모은다.'는 이문회우以文會友라는 말도 있듯이 인간적 반듯함과 학문적 깊이를 갖추었을 때, 김취문 주변에는

준재들이 모여들었다. 많은 사람들이 그와 교유하며 그의 경륜을 듣고 싶어 했다.

이언적·이황과 같은 영남학의 기초를 세운 대학자도 예외가 아니었다. 이황과 김취문의 관계는 좀 특별한 점이 있었다. 9살의 터울이 있었던 두 사람은 인간적으로는 벗의 관계를 유지하면서도 학문적으로는 스승으로 존경했던 것 같다. 그럼에도 김취문이 이황의 문하에 정식으로 입문하지 않은 것은 송당학에 대한 연원의식이 너무나 강렬했기 때문이었다. 김취문 당대만 해도 송당학은 결코 퇴계학에 뒤지지 않는 조선의 인문학人文學이었기 때문이다.

이황은 김취문을 동향의 후배이자 전도 유망한 학자·관료로 크게 기대했던 것 같다. 학문이든 벼슬살이든 정도를 지키는 모습에서 강한 신뢰감을 가졌던 것이다. 어떤 면에서 이황은 김취문을 경외했다는 것이 맞을 것 같다. 그런 정서는 이황이 아들 이준李寯과 주고받은 서신에서도 여실히 드러난다.

오는 길에 청송을 경유하느냐? 청송부사는 비상한 사람이다.
내가 공경하고 두려워하는 바이니, 너는 모름지기 조심해서
가 뵈올 것이며, 모든 지나오는 곳마다 근신하라.

　　　　　　　　　　　　─이황, 『퇴계집』, 「아들 준에게 보낸 서간」

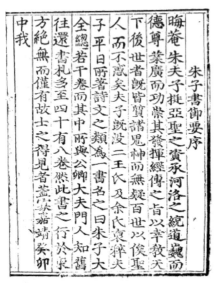

朱子書節要序

晦菴朱夫子挺亞聖之資承河洛之統道巍而
德尊業廣而功紫其發揮經傳之旨以幸敎天
下後世者既皆質諸神而無疑百世以俟聖
人而不惑矣夫子旣沒二王氏及余氏裒粹夫
子平日所著詩文之類爲一書名之曰朱子大
全總若千卷而其中所與公卿大夫門人知舊
往還書札多至四十有八卷然此書之行於東
方絶無而僅有故士之得見者盖寡矣嘉靖癸卯
中我

주자서절요

  이황의 말은 근신한 태도로 김취문을 꼭 만나보라는 데 초점
이 있었건만 이준은 길이 험하다는 이유로 그냥 오고 말았다. 이
소식을 들은 이황은 다시 아들에게 편지를 보내 꾸지람을 했다.
청송 고을의 길이 험한 것은 사실이지만 큰 바다와 같은 인품과
학식을 갖춘 사람을 만나지 못한 것에 대한 핀잔이었다. 이처럼
이황은 아들의 인생에 도움이 될 만한 익우s로서 김취문의 존재
를 주목했던 것이었다.
  이런 과정을 거치면서 이황과 김취문의 관계는 더욱 돈독해

98

졌다. 상주목사 시절 풍영정風詠亭을 짓고 그 기문을 이황에게 부탁한 것이라든지 퇴계문인 황준량黃俊良(1517-1563)이 이황의 역저 『주자서절요朱子書節要』를 간행할 때 힘써 도운 것도 믿고 인정해 주었던 사우師友관계의 구체적 표현이었다. 이 무렵부터 조선의 선비사회에는 김취문을 퇴계문인으로 바라보는 시선이 많아졌지만 그의 마음 깊은 곳에 자리하고 있었던 스승은 여전히 박영·김취성·박운 세 사람이었다.

김취문의 사우관계의 폭은 그의 학자·관료적 역량만큼이나 넓었다. 당대를 풍미했던 석학들 중에 그와 교류가 미치지 않는 사람이 없을 정도였다. 16세기의 지성계를 이끌었던 노수신盧守愼(1515-1590)·기대승奇大升(1527-1572)·박순朴淳(1523-1589) 등이 바로 그들이었다.

뿐만 아니라 그는 성주 출신의 큰 선비 김희삼金希參(1507-1560)과도 학문적 교계가 막역했다. 김희삼은 나이가 두 살 많았지만 김취문의 학문과 식견을 높이 평가하여 사우로 예우했는데, 남명문하의 고제이자 선조 때 관계의 기라성 같은 존재였던 동강東岡 김우옹金宇顒(1540-1603)이 바로 그의 아들이었다.

김희삼은 성주 칠봉산七峯山 아래에 '진재進齋'라는 서재를 짓고 김취문에게 기문을 청했다. 얼마나 신뢰가 깊었으면 자신의 학문적 삶을 대변하는 공간에 대한 글을 부탁했겠는가? 이 글에서 김취문은 마음공부를 강조하는 도학의 정신을 정밀하게 설

파했다. 이것은 단순히 한 사람을 위한 기문이 아니라 자신의 학문적 온축을 녹여서 담은 정수였다. 한 점의 고기를 맛보면 온 솥의 국맛을 알 수 있다고 했던가? 김취문이 남긴 글은 결코 많지 않지만 이 글 한 편으로도 그의 학문적 깊이와 범위를 파악하는 데 부족함이 없었으니, 석학의 진면목이란 정녕 이런 것인가 보다.

(2) 관료적 면모: 동중서董仲舒를 꿈꾼 조선의 경세가經世家

김취문에게 주어진 역사적 시간은 61년이었다. 결코 짧지 않은 이 시간 동안 그는 중종·인종·명종·선조 등 모두 네 임금을 섬기며 참으로 치열한 삶을 살았다. 젊어서는 국리민복에 이바지하는 관료의 자질을 갖추기 위해 애를 썼고, 관료가 되어서는 나라의 학술문화적 품격을 높이기 위해 또 밤을 지새웠다. 김취문이 관계에 첫발을 내디딘 것은 1537년(중종 32)이었다. 이때 그의 나이 29세였다. 조선시대 과거합격자의 평균 연령이 30대 중후반이었으므로 그의 합격은 다른 사람보다 무려 10년이나 빨랐다.

치세의 후반에 접어든 중종은 나라를 부강하게 하고 민생을 안정시키는 어진 정치에 대한 조바심이 컸다. 여러 방면에서 지혜를 얻고자 했던 중종은 그 대안의 하나로 별시문과를 설행하였다. 시험문제는 예상대로였다. 임금이 큰 정치를 행함에 있어 가장 긴요한 것이 무엇인지에 대해 논술하라는 질문이 떨어졌다. 김취문은 잠시 고심하는가 싶더니 일필휘지로 답안을 써내려갔다. 문장은 길었지만 요지는 명확했다. '바른 마음으로 맑은 정치'를 펴는 것이 대도를 행하는 근본임을 역설하며 자신이 조선의 동중서董仲舒가 되고 싶다는 포부를 드러냈다. 동중서가 누구인가? 진시황에 의해 쇠락해진 유학을 부흥시켜 유교 국교화의 길을 개척한 한나라의 위대한 학자, 학문의 사업화를 추구하여 유학으로써 경세제민의 초석을 다진 관료가 아니던가. 김취문의 뜻은 이처럼 컸고, 그 논리 또한 더할 나위 없이 정연했다. 누가 보더라도 그의 답안은 명답이었고, 모두가 장원감이라고 했다. 그러나 예나 지금이나 시험에는 실력과 운수가 함께 작용하는 법이다. 장원은 서울의 문벌가문 출신으로 실력과 배경을 고루 갖춘 심통원沈通源이 차지했고, 김취문은 6등으로 합격했다. 이때는 별시문과라 합격자가 33명이 아니라 9명이었다. 9명 가운데 6등은 결코 좋은 등수는 아니었기에 사람들의 아쉬움도 더욱 클 수밖에 없었다.

그의 동방 중에는 정승에 오른 사람도 있었고, 학문으로 사림의 존경을 받은 인물도 있었다. 예컨대 장원 심통원과 3등 합격자 심봉원沈逢源(1497-1574)은 형제간이며, 영의정을 지낸 심연원沈連源의 아우들이었다. 심통원은 소년시절에 이미 천재로 명성이 자자했던 사람이고 1546년(명종 1)에는 문과중시文科重試에도 합격하여 벼슬이 좌의정에 이르렀다. 물론 과거 답안지에 아첨하는 내용을 적어 장원했다는 비난은 있었지만 그가 상당한 문한을 지닌 인물임은 사실인 것 같다. 아우 심봉원 또한 당상관인 예조참의 · 동지돈녕부사를 역임했고, 음률音律 · 의술醫術 · 서법書法에도 정통했던 다재다능한 인물이었다. 후일 김취문의 증손서가 되는 심진沈櫓은 동방 심통원 · 봉원의 맏형인 심연원의 5대손이었다. 김공이 청송심씨 집안에서 사위를 볼 수 있었던 연줄의 가닥도 이때 만들어진 것이었다. 또 다른 동방인 남원 출신의 최언수崔彦粹는 지조가 굳은 사람이었다. 그리하여 윤원형尹元衡의 횡포가 극심해지자 고향 남원에서 시서詩書로 소일하다 생을 마감했는데, 하서河西 김인후金仁厚와 추만秋巒 정지운鄭之雲은 그가 도의道義로써 사귄 학자들이었다.

김취문이 벼슬하던 중종 임금 후반기는 훈신시대에서 사림시대로 이행하는 과도기였다. 1519년의 기묘사화로 인해 한때 사림의 기세가 크게 꺾인 적도 있었지만 사림의 성장은 역사적 대세였다. 사림은 주자학적 이념과 가치에 기반한 자기계발, 군자를 지향하는 높은 도덕성에 바탕한 지도자의 덕목을 갖추며 새로운 시대를 준비해가고 있었는데, 그 중심에 김취문이 자리했던 것이다. 김취문은 학식과 덕망을 겸비한 엘리트 문신답게 내외의 요직을 두루 거치며 승승장구했다. 1541년에는 형조와 병조의 정랑이 되어 나라의 법과 군국의 실무를 주관하여 그 기틀을 바로잡았다. 그 치적을 인정받아 예조정랑에 임명되었지만 효성스런 아들이었던 그는 요직을 마다하고 비안현감을 자처했다. 비안은 지금의 의성 땅으로 고향 선산과는 지척의 거리에 있었으므로 연로한 부모님을 찾아뵙기에 안성맞춤이었던 것이다.

조정에서는 마음이 금석처럼 단단하고, 청렴清廉·개결介潔한 그를 외방 하급직에 두려 하지 않았다. 그리하여 그는 1544년 외방의 요직인 강원도 도사를 거쳐 이듬해인 1545년에는 문신의 꽃인 홍문관의 수찬에 임명되어 중앙으로 화려하게 복귀했다. 이후 1547년부터는 호조·공조정랑 및 전라도사를 역임한 다음 1549년에는 영천군수永川郡守로 나갔다. 영천은 작은 고을에 지나지 않았지만 이곳에서의 행적은 그의 관료 인생에서 매우 중요한 지점이 되었다.

그의 비범함은 부임할 때부터 드러났다. 당시 경주·영천 일원에는 팔룡八龍이라는 자를 우두머리로 삼은 도적떼가 출몰하여 약탈을 일삼고 있었다. 심지어 그들은 나라의 관원에게도 해를 가할 만큼 흉포한 탓에 온 도道의 우환이 되고 있었다. 팔룡은 영천군수가 새로 부임한다는 첩보를 입수하고 길목에서 기다리고 있었다. 마침 김취문의 부임 행차가 도착하자 도적떼들은 일제히 화살을 겨누었다. 신임 수령의 목숨이 걸린 이 다급한 순간에 갑자기 우두머리 팔룡이 "영천군수는 참으로 훌륭한 관리

영천 조양각

이므로 차마 해칠 수 없다."라고 하고는 무리를 이끌고 산으로 돌아갔다. 도적떼들조차도 그의 치적과 명성을 익히 알고 뒤늦게나마 마음을 돌린 것이었다.

영천에서 재직하는 동안 김취문은 어버이와 같은 마음으로 백성들에게 임했고, 크고 작은 폐단을 개선하여 민생의 질을 높이는 데 모든 노력을 다했다. 아전들의 동참을 이끌어내기 위해 자신부터 철저하게 단속했고, 공무를 집행하는 국가의 관료라는 신분이 무색할 만큼 생활은 검약했다. 남을 다스리기 전에 자신을 먼저 다스려야 한다는 것이 그의 소신이었기 때문이다. 이에 선정의 목소리는 인근 고을로까지 파급되었고, 자연히 영남 전반의 관직사회 분위기도 크게 정화되어 갔다.

　이로부터 3년 뒤인 1552년(명종 7) 조정에서는 호조판서 안현 安玹, 우참찬 박수량朴守良, 평안도 관찰사 홍섬洪暹, 대사헌 이준 경李浚慶, 상주목사 신잠申潛 등을 청렴함과 조심성을 갖춘 관리를 뜻하는 '염근리廉謹吏'로 선발하고 부상을 내렸다. 이때 벼슬을 그만두고 선산에 있던 김취문도 영천군수 시절의 품행과 치적을 인정받아 염근인廉謹人에 선발되는 영광을 입었다.

> 외임外任 염근인廉謹人인 회령부사 이영李榮, 강계부사 김순金洵, 나주목사 오상吳祥, 상주목사 신잠申潛, 밀양부사 김우金雨, 온양군수 이중경李重慶, 예천군수 안종전安從㻩, 강릉부사 김확金擴, 신계현령 유언겸兪彦謙, 금구현령 변훈남卞勳男, 한산군수 김약묵金若默, 지례현감 노진盧禛, 칠원현감 신사형辛士衡, 선산에 사는 전 군수 김취문金就文 이상 14인에게는 각기 향표리鄕表裏 1습襲을 하사히었다.
>
> ─『명종실록』 권13, 「7년 11월 4일」

　부상으로 향표리鄕表裏 한 벌이 주어졌는데, 어디 그것이 대수였겠는가? 나라에서 그간의 공로를 인정해 준 것이 고맙고 격려가 될 따름이었다. 본디 상은 더 잘하라고 주는 법이다. 김취문 또한 염근리廉謹吏에 녹선되면서부터 더욱 철저하게 자신을 관리하고 또 발전시켜 나갔다. 이것이 곧 애민愛民과 위국爲國이었기 때문이다.

이후 그는 청송부사, 성균관 사예, 상주목사, 나주목사, 성균관 사성, 의정부 검상·사인, 사재감정, 홍문관교리, 사간원 사간 등을 역임했고, 1567년 명종이 승하했을 때는 빈전도감殯殿都監의 실무 담당자인 낭청郎廳을 맡아 국장을 치르는 데에도 기여했다.

선조의 즉위는 역사적 의미가 컸다. 이른바 훈신정치시대를 마감하고 사림정치시대가 시작되었기 때문이다. 정몽주에게서 발원한 사림파는 네 차례에 걸친 사화 속에서도 강한 생명력을 유지했고, 마침내 선조의 즉위와 함께 사림시대를 열었다. 선조시대가 시작되면서 김취문의 위상은 더욱 높아졌고, 역할은 증대되어 갔다. 김취문에 대한 선조의 기대 또한 특별하여 1568년에는 승지로 발탁하여 가까이 두는가 하면 장차 더욱 크게 쓸 요량으로 강원감사로 내보내기도 했다. 수령과 감사를 거친 자라야 국가운영의 큰 방략을 알 수 있는 법이다. 이런 이유로 조선왕조에서는 정승·판서에 오르기 위해서는 반드시 외관직을 거치도록 규정화 했다.

1569년(선조 2) 다시 조정으로 복귀한 김취문은 관료로서 전에 없이 바쁜 나날을 보냈다. 우부승지에 임명되기가 무섭게 좌부승지로 옮겼고, 다시 호조참의를 거쳐 그해 가을에는 사간원의 대사간이 되었다. 간언諫言을 담당하는 사간원은 사헌부와 함께 국정운영을 감시하고 관직사회의 기강을 바로잡기 위해 설치한 중요 부서였다. 이곳에는 곧고 칼칼한 품성을 지닌 엘리트 관료들을 엄선하여 배치하였는데, 그런 부서의 책임자를 맡겼다는 것은 김취문에 대한 선조의 믿음이 그만큼 컸기 때문이었다. 이렇게 선조는 김취문을 자신의 시대를 보좌할 브레인의 한 사람으로 지목하고 조금씩 중용해 가고 있었던 것이다. 1570년(선조 3) 봄에는 급기야 홍문관 부제학에 임명함으로써 중용의 의지를 구체화했다. 홍문관은 일국의 문한을 주재하는 학술부서이다. 문신이 아니면 들어갈 수 없는 최고의 청직이었다. 최고책임자는 대제학이지만 실제로 홍문관을 이끌어가는 사람은 부제학이었고, 이 자리는 차기 대제학의 후보그룹을 의미하는 것이기도 했다.

목릉성세穆陵盛世라는 말이 있다. 인재가 넘쳐 흘러 문운이 꽃핀 선조시대의 예칭이다. 조정에 가득한 내로라하는 인재들을 제치고 부제학이 되었다는 사실 그 자체만으로도 김취문의 관료적 위상은 충분히 설명이 된다. 그러나 이 무슨 운명이란 말인가? 부제학 임명 사실을 적은 선조의 교지가 내려왔을 때 이미 김취문은 이 세상 사람이 아니었다. 1570년 3월 18일 서울 회현방會賢坊 우거寓居에서 향년 62세로 생을 마감했기 때문이다. 비록 영혼으로 맞이한 교지였고 단 하루도 재직하지는 못했지만, 세상 사람들은 그를 '홍문관부제학' 으로 기억하고, 또 기록해주었다.

(3) 학자·관료적 귀감과 후인들의 인식:
곧고 맑은 이에 대한 후인들의 기억

훈신시대에서 사림시대로의 이행 과정은 정치적 곡절의 연속이었다. 김취문 또한 그 소용돌이에서 결코 자유로울 수 없었지만 원칙과 소신, 그리고 사림으로서의 책무감만큼은 한시도 잊은 적이 없었다. 1544년 중종이 승하하고 인종이 즉위했다. 인종이 신하들에게 집상執喪의 예절을 물었다. 대부분의 신하들이 임금과 서민은 예법이 다르다고 하면서 만조백관의 하례賀禮를 받는 의식을 서둘렀다. 이를 지켜보던 김취문은 지필묵을 가져다 상소문을 작성하기 시작했다. 신료들의 조처가 도무지 납득이 되지 않았기 때문이었다.

그는 정통 주자학자답게 주자의 이론에 근거하여 자신의 주장을 펼쳤다. 일찍이 주자는 송나라 효종의 상중에 하례가 논의되는 것을 보고 "선왕의 관이 빈소에 있는데, 축하의 예절을 행할 수 없다."라고 주장한 바 있었다. 이것이 주자학의 나라에서는 어길 수 없는 준칙으로 자리잡았건만 신료들이 그것을 모르고 임금을 잘못된 길로 인도한다고 비판했다. 아울러 김취문은 상을 행하는 3년 동안은 흰 베옷과 흰 관을 쓰고 조회에 임하여 국정을 처리해야 한다고 건의했다. 그의 상소는 조정의 중신들을 무색하게 했고, 이로 인해 불만의 목소리가 가득했지만 인종이 그의 주장을 극구 칭찬하며 채택함으로써 옳고 그름은 금세 판가름이 났다.

　인종이 그의 말에 귀를 기울인 것은 세자 시절의 인연 때문이었다. 김취문은 1544년(중종 39) 강원도 도사로 부임하기 얼마 전에 시강원에서 세자의 교육을 담당한 적이 있었는데, 그 세자가 바로 인종이었던 것이다. 그때부터 인종은 김취문의 깊은 학식과 신실한 인품에 감화되어 존경심을 갖고 있었기 때문에 이런 조처가 이루어질 수 있었던 것이다. 김취문이 조정의 중론에 맞서며 반대 주장을 한 것이 어찌 인종의 신임 때문이었겠는가? 그가 진정 중요하게 여겼던 것은 바르고 합리적인 예를 행하는 조선이라는 나라의 예법적 반듯함이었다. 더욱이 그 대상이 백성의 모범이 되는 군왕이었기 때문에 바른말을 서슴지 않았던 것이다. 이 상소는 주변의 질시와 비난에도 불구하고 김취문이 학술에 근거하여 명의名義를 강조하는 양신良臣으로 주목되는 배경이 되었다.

　김취문은 1545년(인종 1) 모든 문신이 선망하던 홍문관 수찬에 임명되었다. 홍문관은 임금의 학술자문부서인 동시에 사헌부·사간원과 함께 간쟁을 담당하는 '언론삼사言論三司'의 하나였다. 비리와 부정이 있으면 반드시 탄핵해야 하는 것이 본연의 직무였다. 이 무렵 그의 눈에 비친 조정의 가장 큰 폐단은 윤원형과 그 무리들의 권력 남용이었다. 윤원형이 누구이던가? 문정왕후文定王后의 아우로서 소윤의 우두머리가 되어 막강한 영향력을 행사하던 그였지만 김취문은 이에 주눅들지 않고 꼿꼿한 어조의 상소문을 올렸다. 임금의 눈과 귀를 막아 총명을 흐리게 하여 나라를 병들게 하는 이들 무리를 배격하지 않고는 국가의 안정을 도모할 수 없다는 것이 그 골자였다. 권력의 실세를 향한 이 한마디가 몰고 올 풍파는 예상하기 어렵지 않았다. 천우신조랄까. 때마침 부친상을 당한 김취문은 곧바로 선산으로 내려갔고, 얼마지나지 않아 '을사사화'가 일어나 수많은 사람들이 죽임을 당하거나 귀양살이를 떠났다. 그가 만약 조정에 있었더라면 이 화망禍網을 결코 피할 수 없었을 것이다. 그가 시운時運의 도움을 받은 것은 이것이 유일했다.

이로부터 약 20년이 지난 1564년(명종 19) 김취문은 나주목사에 임명되었다. 나주는 호남의 웅부雄府였고, 그곳의 목사는 지방관의 요직이었다. 부임 이듬해인 1565년 조야에서는 문정왕후文定王后를 끼고 권세를 부리던 요승 보우普雨에 대한 처벌론이 비등하여 마침내 그해 6월 제주 유배의 명이 떨어졌다. 나주는 유배지인 제주로 가는 주요 경유지였다. 보우는 죄인임에도 권신 윤원형尹元衡의 비호를 받아 기세가 등등했다. 윤원형은 자신의 종을 시켜 보우를 호위하는가 하면 연로 수령들에게 편지를 보내 후하게 대접할 것을 채근하기까지 했던 것이다. 대부분의 수령들이 권세에 눌려 청을 들어주었지만 김취문만은 예외였다.

　　그는 보우가 도착하는 즉시 옥문을 폐쇄하고 윤원형의 노복
이 출입할 수 없도록 하여 어떤 사정私情도 개입할 수 없도록 조
처했다. 이 소식이 알려지자 윤원형을 제외한 모든 신민들이 통
쾌하게 여겼다고 한다. 김취문에게는 국가의 체모와 형률 집행
의 원칙만 있었을 뿐 권력에 대한 두려움 같은 것은 존재하지 않
았다. 내면에 축적된 강인함이 있었기에 그는 이처럼 의연할 수
있었던 것이다.

　　1569년(선조 2) 좌부승지 재직 시절에 기묘사림의 평가를 두
고 조정에서 한바탕 격론이 벌어진 일이 있었다. 그 논의의 중심
에 김취문이 있었다. 대사헌 김개의 발언이 사건의 발단이 되었

다. 김개金鎧는 조광조 등 기묘사림己卯士林에 대해 이런 논평을
가한 적이 있다.

> 조광조가 다만 사람을 지나치게 믿어서 비록 말만 능하게 하
> 는 자라도 선인善人이라 하여 모두 끌어들여 진출시킴으로써
> 마침내 일이 벌어지게 하였습니다.…기묘년에도 사람이 역시
> 많았는데 어찌 모두 다 선인이었겠으며 선인 가운데서도 그릇
> 생각하여 실수한 자가 어찌 없었겠습니까. 후세가 기묘년의
> 사람을 잊지 못하는 것은 단지 그 대강大綱만이 옳았기 때문입
> 니다.
>
> ─『선조실록』권3,「2년 6월 9일」

언뜻 보면 대단히 객관적인 평가를 내린 것처럼 보이지만 김
취문은 김개의 이 표현을 시비를 혼란시키고 임금의 이목을 현혹
시키는 악언惡言으로 간주하고 선조에게 면대를 요청했다. 1569
년 6월 9일 문정전文政殿에 마련된 면대의 자리에는 기대승·심
의겸·송하 등이 동참하여 김취문에게 힘을 실어주었다. 여기에
고무된 그는 선조 앞에서 김개의 발언에 숨겨진 간악한 실상을
남김없이 설명하여 임금이 바른 판단을 할 수 있도록 이끌었고,
그 결과 김개는 현인을 헐뜯는 소인으로 전락했다. 바로 이런 노
력에 힘입어 김굉필金宏弼·정여창鄭汝昌·조광조趙光祖·이언적

李彦迪 등 이른바 사림 명현의 문묘종사론도 탄력을 받을 수 있었던 것이다.

그랬다. 김취문은 관료로 재직하는 동안 정도의 구현에 힘썼다. 그 정도는 바른 학문에 바탕하였으므로 권력자가 이해와 화복으로 접근해도 추호의 흔들림 없이 자신의 지조를 지키면서 혼탁의 배격과 청백의 부양을 위해 열정을 쏟을 수 있었던 것이다. 때로는 지나치게 곧은 태도로 인해 지방으로 좌천되는 등 곡절과 수난이 따르기도 했지만 그 또한 자신의 숙명으로 받아들였다.

"사람이 죽었으니 그 슬픔 나라에 가득하다."

—류성룡, 『서애집』, 「김취문을 애도하는 제문」

이 말은 류성룡이 김취문의 영전에 올린 애도시의 한 구절이다. 그의 죽음은 한 관료의 타계를 넘어 나라의 손실이자 슬픔으로 여겨질 만큼의 중량감을 지녔던 것이다. 그런 슬픔과 아쉬움은 선조도 예외가 아니었다. 교리 송응개宋應漑(1536-1588)가 찬술한 사제문賜祭文에 의하면, 선조는 김취문을 온화·단아·순박한 자질과 품성, 옥처럼 맑고 깨끗한 마음, 강온을 겸한 리더십을 지닌 사람으로 기억하고 있었다. 또 발군의 식견과 재능으로 몸은 변방에 있어도 마음은 늘 왕사에 두고 있었던 충신, 백성들에게 세금을 독촉하는 것은 서툴러도 그들을 사랑으로 이끄는 마음은 누구보다 충만했던 애민론자였기에 항상 그를 미덥게 여겼다. 무엇보다 사간원에서는 직간으로 임금을 보필했고, 사헌부에서는 나라의 기강을 바로잡았으며, 승정원에서는 진실로써 왕명을 출납했던 시대에 드문 양신이었기에 선조 또한 그의 죽음을 진심으로 슬퍼했던 것이다.

동양 사회에서는 입덕立德 · 입공立功 · 입언立言을 삼불후三不朽라 하여 영원불멸의 가치로 여겨 왔다. 위로는 임금에서 아래로는 백성에 이르기까지 온 나라가 인정했던 그의 공덕 또한 시대가 흘러도 시들지 않았다. 이런 자취는 각기 18세기 노론 · 남인학계를 대표했던 김종수金鍾秀(1728-1799) · 정범조丁範朝(1723-1801)가 지은 '구암집서문久庵集序文'에서 생생하게 확인할 수 있다. 김종수는 학술에 근거하여 의리義理와 명의名義를 바르게 행한 사림의 명현으로 평가했고, 정범조는 도덕과 논의, 그리고 출처의 바름에서 봉황의 풍도가 엿보이는 관료, 시골에 있으면 시골이 중해지고 조정에 있으면 조정이 중해지는 학자, 중용中庸을 지켜 과격하거나 비열하지 않았던 현인으로 칭송해 마지않았다. 이들의 표현은 실사實事 · 실행實行에 바탕하였으므로 결코 헛된 찬사가 아니었고, 듣는 이들이 마음으로 공감함으로써 사림사회의 법언法言이 되었다.

1851년은 김취문이 사망한 지 281년이 되는 해이다. 이 해 그는 약 300년 만에 이조참판에 추증되었고, 2년 뒤인 1853년에는 영남유생 신석조申錫朝 등의 요청으로 이조판서에 가증되었다. 이로써 그에게는 시호를 받을 수 있는 자격이 갖추어졌다. 판돈녕부사 김수근金洙根(1798-1854)이 시장을 검토한 조정에서는 정간의 시호를 내렸다. 정간은 '청백으로 스스로를 지키고(貞), 정직하여 사특한 마음이 없었다(簡).' 는 뜻이다.

김취문의 공덕을 잘 살린 매우 좋은 시호였지만 자손들의 마음에는 차지 않았다. 김취문의 본질은 학자였기 때문에 자손들은 '문文' 자가 들어가는 시호를 열망했지만 나라의 명을 가벼이 여길 수도 없어 때를 기다렸다. 그러던 중 1864년(고종 1) 시호를 개정하는 개시론改諡論이 대두되어 마침내 '문간文簡' 으로 고쳐 숙원을 이룰 수 있었다. 여기서의 '문' 은 '배움에 부지런하고 묻기를 좋아한다.' 는 뜻이다. 시호가 개정되고 조정에서 새 시호를 적은 교지가 내려왔을 때 들성에는 마을이 생긴 이래로 가장 성대한 잔치가 벌어졌다. 어찌 보면 선산 고을 전체가 경축할 일이었다. 이날의 행사에서 고유문을 지은 사람은 우의정 류후조柳厚祚(1798-1876)였다. 상주 출신인 류후조는 류중영의 후손이었으니 들성김씨와는 세의가 깊은 사람이었다. 이 글에서 그는 김취문을 '주머니 속에 서릿발 같은 기상을 담은 선비', '백성을 자식처럼 사랑하여 청고한 명성을 남긴 관료' 로 표현하였으니, 참으로 지언知言이라 하겠다.

2. 종가 계승 인물의 행적

1) 장자 계열: 송당학과 여헌학의 조화로 빚은 선비정신

(1) 김유金濡: 3세연원三世淵源의 착실한 계승과 발전

구암가문의 가학은 김취문→김종무→김공 대를 거치면서 정착되었고, 집안에서는 이를 '삼세연원三世淵源'이라 일컫고 있다. 3세연원은 다양한 유교적 가치를 내포하고 있었는데, 김취문의 '절節', 김종무의 '충忠', 김공의 '학學'이 바로 그것이다. 이런 가치는 김공의 자손들을 통해 더욱 확대·발전되었는데, 그 견인차 역할을 한 사람이 김유(1609-1678)였다.

김공의 셋째 아들인 김유의 자는 호숙浩叔, 호는 약암藥庵이다. 광해군조에서 숙종조에 이르는 그의 70년 인생은 아버지 욕담공이 평생을 노력하여 쌓아 놓은 가업家業을 잘 가꾸어서 후손들에게 전하는 데 초점이 맞춰졌다. 전통의 유가에서 양질의 교육을 받고 자란 김유의 학문은 고명했고, 지행에는 구차함이 없었다. 담박한 성정에 효도와 우애의 마음 또한 지극했다. 어버이를 섬길 때는 조선의 노래자老萊子가 되었고, 형제들과는 한 이불을 덮고 생활하며 탁마琢磨했다. 그 성정과 사람됨이 이러했기에 집안사람은 물론 사림으로부터도 무한한 신뢰를 얻었다.

평생 『심경心經』과 『근사록近思錄』을 손에서 놓지 않았고, 성현의 격언 가운데 절실한 내용은 반드시 초록하여 좌우명으로 삼았다. 자신의 단속은 추상秋霜처럼 하면서도 다른 사람은 춘풍春風처럼 대함으로써 향리에서는 학문과 덕성을 겸비한 인후군자로 일컬어졌다. 중년 이후로는 유망이 더욱 높아져 선산의 금오서원金烏書院 원장은 물론, 영남 수원首院의 하나인 상주 도남서원道南書院 원장을 두 번이나 역임하며 교남의 사풍을 진작하였다. 1605년 낙동강이 굽이치는 상주 무심포無心浦에 건립된 도남서원은 정몽주鄭夢周·김굉필金宏弼·정여창鄭汝昌·이언적李彦迪·이황李滉·노수신盧守愼·류성룡柳成龍·정경세鄭經世 등 8현八賢을 제향하는 영남의 으뜸 서원이었다. 범연한 선비는 결코 생심生心하지도 못할 중임重任을 두 번이나 지냈다는 것은 17세기 영남학

상주 도남서원

파에서 점했던 김유의 높은 위상을 단적으로 보여준다.

　　또한 그는 건강 관리를 위해 동래 온정溫井을 자주 찾았다. 동래부 읍치에서 약 5리 거리에 위치한 온정은 그 역사가 신라 때까지 거슬러 올라가며 성현成俔의 『용재총화慵齋叢話』에도 소개된 국중의 명천名泉이었다.

　　지금의 우리나라는 6도마다 모두 온정이 있으나, 경기·전라

　　도만 없다. … 동래 온천이 가장 좋은데, 마치 비단결 같은 샘

　　물이 땅으로부터 솟아 나오는데, 물을 끌어들여 곡斛에다 받아

둔다. 따뜻한 것이 끓는 것과 같아서 마실 수도 있고 데울 수도 있다. 일본인으로 우리나라에 오는 자는 반드시 목욕을 하고 가려 하므로, 얼룩옷班衣을 입은 사람들의 왕래가 번번하여 주현州縣은 그 괴로움이 많았다.

—성현, 『용재총화』

이런 명성에 걸맞게 동래 온정은 양녕대군讓寧大君, 광평대군廣平大君의 부인, 임영대군臨瀛大君, 연창위延昌尉 공주 등 왕실 상류층이 즐겨 찾았고, 1617년에는 정구鄭逑가 문인들을 데리고 이곳에서 기획적인 온천욕을 한 바 있었다. 김유의 동래온천 걸음은 교유를 통한 인적관계망의 확대 과정이라 할 만큼 연로 선비들의 반응이 뜨거웠다. 그의 발길이 미치는 고을의 선비들은 그를 사귀기 위해 앞다투어 몰려들었다고 하니, 그 인망을 족히 짐작할 수 있다. 맏사위 조일장曹日章과 막내사위 손필진孫必進도 동래온천 나들이 때 인연을 맺은 사람들이다.

김유가 평생 동안 한시도 잊지 않은 두 가지가 있다. 그것은 선대의 잠덕潛德을 천양하는 것과 학문연원에 대한 현양사업이었다. 전자는 조부 찰방공의 충절을 공인화 하는 것이었고, 후자는 송당학의 학문적 천양이었다. 김유는 아버지 욕담공이 조부 찰방공의 시신조차 거두지 못하고 의관장을 치른 것을 평생의 한으로 여겼던 것을 너무나 잘 알고 있었다. 더구나 임진왜란이 종식되고 100년의 세월이 다가옴에도 찰방공의 충절이 알려지지 않은 것에 대한 아쉬움 또한 컸다. 그러나 신하가 나라를 위해 목숨을 바치는 것은 당연한 것이었으므로 현양사업을 경솔하게 추진하는 것도 후손의 도리가 아니라고 여겼다. 그리하여 그는 사림의 공론과 조정의 정책에 의해 모든 바람이 순조롭게 처리되리라 믿었다. 하지만 기다림에도 한계가 있는 법이다. 나이가 일흔에 가까워지자 김유의 마음은 조급해졌고, 마침내 숙종 치세의 초반기인 1675년(숙종 1) 조정에 올릴 진성서, 즉 상언上言을 작성했다. 이 상언에는 주장主將이 달아났음에도 이에 굴하지 않고 적과 싸우다 죽은 김종무의 장렬한 순국정신이 사실대로 기술되었다. 사실 류성룡이 『징비록懲毖錄』에서 상주전투를 조금만 더 자세하게 언급했어도 김종무에 대한 포증이 이렇게 지연되지는 않았을 것이다. 류성룡이 그것을 몰랐겠는가? 오히려 류성룡은 김종무가 자신의 매부였던 까닭에 일부러 기록을 간략하게 했던 것이다. 류성룡이 위인으로 커다란 존경을 받고, 김종무의 충절이 더 뜨거워 보이는 것은 다급한 상황 속에서도 중용과 겸양을 유지하는 미덕이 있었기 때문이다.

이에 대한 조정의 답변은 시원시원했다. 예조판서의 보고를 받은 숙종은 충신으로 공식 인정하고 정려를 내릴 것을 명했다. 김종무의 충절이 보상을 바라고 한 행위였을까마는 나라의 상벌을 미덥게 하고 후대 사람들의 귀감으로 삼기 위해서는 이런 조처가 꼭 필요했다. 이로써 들성마을 입구 양지 바른 곳에는 충신의 정려가 세워져 견위수명見危授命의 선비정신을 가르치는 교육의 장이 되었다.

　학자는 학자의 일에 애쓸 때 가장 아름다워 보이는 법이다. 김유는 가학연원인 송당학에 대한 애착이 남달랐다. 비록 송당학은 퇴계학이나 율곡학에 밀려 시대의 주류 학문으로 부각되지는 못했지만 그 정신과 근기만큼은 유지되어야 한다는 생각이 강렬했다. 그러던 중 박영의 현손 박경길朴敬吉이 종제 박경지朴敬趾(1610-1669)와 함께 『송당집松堂集』을 간행하는 뜻깊은 일이 있었다. 박경길은 김취문의 외손자였으므로 김유와는 5촌의 척분을 지닌 가까운 사람이었다. 그런데 서둘러 일을 진행하는 과정에서 누락된 문자가 많은 것이 옥의 티였다. 박경지는 외모와 정신세계에 있어 '송당의 풍도'를 빼닮은 사람이었다. 무신이었음에도 도학에 조예가 깊었던 그가 그냥 지나칠 리 없었다. 곧바로 중간 작업에 착수하여 일단락될 무렵, 일각에서 이번 기회에 박영과 그 스승인 정붕鄭鵬(1467-1512)의 글을 모은 책자의 발간을 제안했다. '불감청不敢請 고소원固所願'이었다. 그는 이 제안을 흔쾌히 수용하였는데, 그 결과물이 바로 『양현연원록兩賢淵源錄』이었다. 편집은 송당문인 박운의 후손이자 장현광의 외손자인 박황朴愰(1608-미상)이 맡았고, 간행은 현직 금오서원 원장 김유가 전담했다. 김유는 막대한 경비를 조달하고 사람을 모아 간행사업에 박

차를 가해 마침내 1660년 2권 1책 분량의 『양현연원록』을 세상에 내놓게 된다. 엄청난 비용과 시간, 고도의 정신 노동을 감수할 수 있었던 힘의 원천은 송당학에 대한 뜨거운 연원의식이었다.

(2) 김형섭金亨燮: 유덕有德한 군자의 삶

김취문의 5세손 가운데 석계처사石溪處士 또는 모산처사茅山處士라 불리는 선비가 있다. 이름은 형섭亨燮(1654-1721)이고, 자는 정화鼎和이다. 은덕군자隱德君子를 지향한 탓에 세상에서 그를 기억하는 사람은 그리 많지 않다. 그럼에도 김형섭의 존재에 주목해야 하는 까닭이 있다. 18세기 이후 구암종가가 운신의 폭이 점차 좁아지는 상황에서 구암가문을 대표한 것이 바로 그의 자손들이기 때문이다.

김형섭은 1654년(효종 5) 김상주金相胄(1629-1711)와 순천김씨 사이에서 둘째 아들로 태어났다. 큰집에서 양자로 들어온 아버지는 처사로서 유덕有德한 삶을 살았고, 외가 또한 반듯한 선비집안이었다. 그의 외가는 안동 구담마을 순천김씨 집안이었다. 서애고제 김윤안金允安(1560-1620)의 손자였던 외조부 김여회金如晦는 병산서원屛山書院을 당당하게 출입하며 지역의 학풍을 주도한 저명한 유학자였다.

하회도병 중 구담존

　김형섭은 어려서 친조부 처사공處士公 천희鷰에게 글을 배웠다. 처사공은 그를 사랑과 엄격함으로 훈육했고, 경전을 읽은 여가에 문장을 시험하면 즉시 응대하여 기쁨을 한가득 안겨주곤 했다. 학업 점검은 어머니의 몫이었다. 선비집안에서 자란 어머니는 자녀 교육에 비상한 관심이 있었다. 아침과 저녁 식사 때가 되면

배운 글을 외우게 했고, 외지 못하면 밥을 먹을 수가 없었다. 어머니의 엄한 교육은 그가 학문에 진지하게 임하는 바탕이 되었으니, 참으로 어진 부인이라 하겠다.

다섯 살 되던 해에 처사공이 돌아가시자, 백형과 함께 집안 아저씨인 삼매당三梅堂 김하천金夏梴(1621-1677)의 문하에 나아가 약 10여 년 동안 학문에 정진했다. 삼매당은 여헌문인으로 사헌부 장령까지 지낸 세상에 드러난 분이었다. 장성해서는 칠곡 매원梅園에 살던 송씨 집안에 장가들었는데, 장인 송유징宋有徵은 학문이 높고 덕행이 깊은 군자풍의 선비였다.

무슨 이유에서인지 김형섭은 혼인 이후 30년 동안 처가에서 생활했다. 이 과정에서 그는 스승이나 마찬가지였던 장인으로부터 많은 가르침을 입어 학문적으로나 인간적으로 부쩍 성장했다. 더욱이 인근에는 광주이씨 출신의 이기명李基命, 벽진이씨 출신의 이주천李柱天과 같은 준재들이 있어 학문의 외연을 넓히는 데에도 크게 도움이 되었다.

1703년(숙종 29) 어머니 순천김씨가 병석에 들자 가족들을 데리고 선산으로 돌아와 지성으로 간호하다 상을 당했다. 모친상을 마친 1705년에는 낙동강변으로 거처를 옮기고 모산茅山으로 자호하였으며, 1711년 상을 당할 때까지 홀아버지를 효성을 다해 모셨다.

그는 용모가 단정하고 마음이 성실했으며, 언어 또한 부드럽고 공손했다. 하지만 의리의 지킴은 금석처럼 견고해서 누구도 범할 수 없는 기상이 있었다. 천성이 호학하여 손에서 책을 놓은 일이 없을 정도로 공부에 대한 애착이 깊었다. 그에게 있어 독서는 맛있는 음식보다 달았고, 유교 경전과 제자백가 가운데 천 번을 읽은 책도 적지 않을 만큼 독서량이 풍부했다. 오죽했으면, "소년시절 공부를 시작한 이후 마흔이 될 때까지 하루도 책을 읽지 않는 날이 없었다."라고 회고할 정도였겠는가?

독서의 여가에 문학으로 소일하면서도 구태의연함은 배격했으며, 노년에는 두보杜甫의 시를 특히 좋아했다. 그리하여 달 밝은 고요한 밤이면 소리 높여 시를 읊조리며 초연한 마음을 드러내는 날이 많았다. 평생 재물에 마음을 두지 않아 가산이 넉넉하지 않았지만 교육에 대한 투자는 조금도 아끼지 않았다. 퇴락한 금오서원의 문루門樓 중건을 자임한 것은 선비를 아끼고 학문을 사랑하는 마음의 발로였다.

선비집안의 자손이라면 마땅히 글을 읽어야 하고, 그 글은 세상을 위해 쓰여야 한다는 것이 그의 소신이었다. 행여 자제들이 공부를 등한시하면 좌시하지 않았고, 부모와 조상을 욕되게 하는 행위로 규정하여 질책하고 경계했다. 비록 그 자신은 세상에 쓰이는 재목이 되지 못했지만 학문과 자녀교육에 쏟았던 열정은 집안을 더욱 번듯하게 일으키는 힘이 되었다. 아들 유수裕壽와 손자 몽의夢儀·몽화夢華의 학자적 성장과 현달은 그가 뿌려놓은 씨앗의 화려하고도 충실한 결실이었다.

(3) 김유수金裕壽: 백운재白雲齋에 서린 집안 중흥의 꿈

김유수(1695-1761)의 자는 수백綏伯, 호는 만와晩窩로 1695년 김형섭과 야로송씨의 셋째 아들로 태어났다. 외가가 있던 칠곡의 매원梅園 마을에서 태어나 9세 때까지 그곳에서 살다가 1703년에 고향 선산으로 돌아왔다.

학문과 예법을 알고 의리에 바탕한 선비정신이 투철했던 아버지의 영향을 받아 호학의 품성에 예모까지 더한 선비로 성장했다. 9세에 이미 글짓는 방법을 알았고, 총각 시절에 시험장에 들어가 도도한 문장을 지어 사람들을 놀라게 했다. 그가 진정으로 마음에 둔 것은 순유가 되는 것이었고, 유가의 서책 중에서도 주자서朱子書를 애독했다. 1727년(영조 3) 사마시에 입격한 뒤 성균관 유학을 마다한 것도 학문에 전념하기 위해서였다. 이로부터 단 한 번도 서울 걸음을 하지 않았으며, 가난 속에서도 책을 읽으며 정신적 풍요에 만족했다.

그를 학자의 길로 인도한 사람은 아버지였지만 역정 속에서도 포기하지 않고 그 길을 가게 한 사람은 따로 있었다. 바로 6대조 구암공과 고조 욕담공이었다. 이 두 조손에 의해 기틀을 다진 가학은 그가 영남의 유림사회에서 당당하게 행세할 수 있는 양질

의 자양분이었다. 그는 선덕先德에 감사할 줄 알고, 그것의 계승
과 발전을 위해서는 어떤 수고로움도 감당할 준비가 되어 있었던
'어진 자손'이었다.

구암공과 욕담공의 유문이 산실되어 얼마 남지 않았음을 알
았을 때는 죄스러운 마음을 가눌 수 없었고, 찰방공의 사적이 인
멸된 것을 보고는 가슴으로 울었다. 묘소를 살피고 제사를 지내
는 것만이 효가 아니었다. 남겨진 글을 통해 정신을 계승하는 것
이야말로 참된 자손의 도리임을 깨닫는 순간, 그것이 편린일지라
도 선대의 유문을 모아 정리하기 시작했다. 구암가문의 정신유
산은 이런 과정을 통해 축적되었고, 후일 그것은『구암집久庵集』,
『욕담집浴潭集』으로 묶어져 구암가문은 물론 조선의 학술문화적
품격을 높였다.

마을에 서당을 건립하여 집안 자제들을 교육했던 것은 일가
의 문풍을 진작하여 국가·사회에 이바지할 수 있는 인재를 길러
내기 위함이었다. 매월 초하부와 보름에는 어김없이 강회를 열
어 그간의 학업을 점검했을 때 선산지역의 인문성은 하루가 다르
게 고양되어 갔다. 체구는 작았지만 그의 흉중에 함축된 역량과
포부는 온 고을을 덮고도 남음이 있었던 것이다. 이런 역량은 신
뢰가 되었고, 고을의 크고 작은 일들 또한 그의 재량으로 처리되
는 경우가 많았다. 고을 사람들이『일선지一善誌』의 편찬을 그에
게 맡긴 것은 공정성을 담보할 수 있다는 믿음 때문이었고, 실제

로 그는 엄정하면서도 객관적인 편찬으로 그 믿음에 답했다.

그는 풍류를 아는 선비였다. 풍광이 아름다운 계절이면 벗들을 모아 조촐한 잔치를 벌이며 정담을 나누었고, 발길이 금오산의 수려한 계곡에 닿으면 돌아감을 잊어버릴 만큼 애착을 보였다. 이곳에는 절의의 상징인 야은 선생의 유향이 서려 있고, 선조 구암공의 유택幽宅이 있었기 때문이다. 따지고 보면, 그가 사랑했던 것은 금오산의 외형적 수려함이 아니라 그 산이 품고 있는 인간의 향기였을지도 모른다.

안목은 높았지만 가산이 넉넉지 못했던 그는 구암공의 묘소가 있는 백운곡에 백운재白雲齋를 건립한 다음, 동쪽 협실에 자신의 아호인 만산와晚山窩라는 편액을 걸었다. 이 점에서 백운재는 구암가문의 재실인 동시에 김유수라는 어진 자손의 학문공간이었다. 고조 김공의 『욕담집浴潭集』 편찬을 마무리한 곳도 백운재였다.

이 무렵 그의 학덕은 파다하게 알려졌고, 조정의 인사 담당자의 귀에까지 들어갔다. 마침내 영릉참봉英陵參奉에 제수하는 교지가 내렸지만 병이 깊어 영면永眠을 준비하는 노유老儒에게 이런 것이 무슨 소용이 있었겠는가. 병세가 차츰 위독해지자 친지들은 서울에서 대교 벼슬을 살고 있는 작은아들 몽화를 불러내리자고 했다. 하지만 그는 아버지의 병환은 사사로운 것이고, 관직은 나라의 공무이거늘 사私가 공公을 방해해서는 안된다는 생각에서 이를 받아들이지 않았다. 한 번도 임금을 뵌 적이 없고, 단 하루도 관복을 입어보지 못했던 초야의 선비였음에도 이토록 공무公務를 중시했던 것은 몸속에 세신世臣의 피가 흐르고 있었기 때문이었다.

초야에 버려진 인재가 없도록 하는 것이 어진 정치의 본질이거늘 조선의 조정은 거기에 소홀하여 준재를 놓치고 말았으니, 허망한 마음을 금할 수 없다. 하지만 당대 영남의 석학 청대淸臺 권상일權相一(1679-1759)이 남긴 한마디만으로도 김유수의 영혼은 깊은 위로를 받았을 것 같다.

> "김유수 같은 사람은 가히 강우江右에서 제일가는 사람이라
> 할 만하다."
>
> ─채제공, 『번암집』, 「만산 김유수 묘갈명」

(4) 김몽화金夢華: 구암정신의 18세기적 구현

김몽화(1723-1792)의 자는 성신聖臣, 호는 칠암七巖으로 1723년 선산 모산에서 김유수와 한산이씨의 둘째 아들로 태어났다. 어려서부터 자질이 명민했던 그는 안동 소호蘇湖의 외가에서 성장하는 동안 이상정李象靖(1711-1781)의 가르침을 받아 학문이 크게 진보했다. 이황李滉→김성일金誠一→장흥효張興孝→이현일李玄逸

→이재李栽로 이어지는 학통의 계승자였던 이상정은 어머니의 5촌 조카였으므로 아주 가까운 외가 친척이었다.

김몽화는 가난한 형편에도 향학열만큼은 누구보다 뜨거웠다. 그 결과 1754년 형 몽의夢儀(1719-1789)와 함께 사마시에 합격하여 주변의 부러움을 샀고, 내친 김에 그해 가을에 실시된 문과에까지 합격함으로써 겹경사를 몰고 왔다. 이로써 구암가문에도 서광이 비치기 시작했고, 이때부터 집안 사람들은 '구암시대의 재현'을 예견했다.

1759년 조정에서는 한림翰林 인사를 앞두고 있었다. 역사 편찬을 담당하는 봉교奉教·대교待教·검열檢閱을 총칭하는 한림은 집안·문장·도덕성을 갖춘 젊고 유능한 문신만이 임명될 수 있는 사림의 극선極選이었다. 이때 영남 출신의 다섯 후보가 물망에 올랐다. 조석룡趙錫龍·최광벽崔光璧·김몽화金夢華·이급李汲·김필원金必源이 바로 그들이었다. 이 가운데 한림직에 최종 선발된 사람은 김몽화뿐이었다.

이후 그는 정언·지평 등의 요직을 두루 거치며 당시의 관직사회가 주목하는 문신으로 성장했다. 1780년 순천부사로 나가서는 청렴을 실천하고, 1786년 양양부사로 부임하여 문교진흥에 매진하는 모습에서는 구암공의 풍도와 면모가 여실히 느껴졌다. 백성을 다스리는 자세에 있어서도 그와 구암공은 닮은 점이 많았다. 충분한 공부에 바탕한 합리적 다스림이 그랬고, 기량보다는 마음으로 다가서는 진정성이 또한 그랬다. 순천부사 임기가 만료되었을 때 고을의 백성들이 길을 가로막고 유임을 간청한 것은 덕스러운 다스림에 대한 속 깊은 보답이었다.

1789년 종2품직인 가선대부에 올랐을 때, 구암시대의 영광은 완전히 회복되었다. 그리고 김몽화의 명성이 높아지고 인적 교유망이 확대되면서 서울에서도 '들성'과 '들성김씨'를 아는 사람들이 점점 많아져 갔다. 김몽화는 채제공蔡濟恭·이헌경李獻慶·이맹휴李孟休·권상일權相一 등 경향의 명사들과 두루 교유했는데, 정조조 남인의 거두 채제공이 김유수의 묘갈명과 『만와집晚窩集』서문을 지은 것도 교유관계의 결과였다.

한편 김몽화는 1792년(정조 16) 유성한柳星漢 배척소를 올림으로써 영남사림에서의 위상을 더욱 높이게 된다. 18세기 노론학계의 거장 김원행金元行의 문인이었던 유성한은 1792년 4월 정조에게 학문에 전념할 것을 촉구하는 상소를 올렸다. "광대가 대가大駕 앞에 외람되게 섭근하고 여악女樂이 난잡하게 금원禁苑에 들어간다."라는 항간의 전언까지 인용한 이 상소는 정조에 대한 노론계의 불만, 특히 영남옹호론에 대한 반감의 표출이었다. 동년 3월 정조는 '도산별시陶山別試'를 열어 영남에 대한 특별한 관심을 표명한 바 있었는데, 유성한의 상소는 이에 대한 노론의 불만을 우회적으로 표출한 것이었다.

유성한의 상소에 자극을 받은 영남유생들은 이우李堣(1739-

1811)를 소두로 하여 전후 두 차례에 걸쳐 사도세자의 신원과 임오의리壬午義理의 천명을 주장하는 상소를 올리게 되었다. 이른바 '이우의 영남만인소嶺南萬人疏'가 이것이다. 2차에 걸친 요청에도 불구하고 끝내 정조는 유성한을 처벌하지 않았고, 사도세자도 신원되지 않았다. 그러나 이우의 만인소는 임오의리壬午義理의 본질을 환기시켰다는 점에서 의미가 컸다. 이우 등이 상소를 추진하는 과정에서 재경 남인들을 통해 조정의 동향을 파악했을 것이고, 이때 김몽화의 인적 연계망이 효율적으로 작동했다. 이런 정황은 영남유소에 대해 정조가 미온적인 태도를 보이자 이에 항변하는 소를 올린 것에서 감지할 수 있다.

> 영남 선비들의 마음이 곧 신의 마음이었습니다. 소가 만약 통하게 되었다면 천하의 대의가 이로부터 퍼졌을 것인데, 전하의 비답을 보니 끝내 윤허를 아끼시고 이어서 소를 올린 선비들에게 그냥 돌아가라고 하교하셨으니 영남 선비들의 억울함이 신의 억울함입니다.
> ─ 김몽화, 『칠암집』 권2, 「류성한을 배척하는 상소」

김몽화의 상소는 항변에 그치고 말았지만 사도세자의 신원과 임오의리의 천명 문제는 1855년(철종 6) 새로운 형태의 만인소로 대두되었다. 구암가문은 여기에도 적극 동참하여 힘을 실어

주었다.

　김몽화·몽채의 대산문하大山門下 수학과 김몽화의 영남만인소 옹호론은 18세기 구암가문의 학문적 행보가 안동권 영남학파와의 연대 강화에 초점이 있었음을 보여주는 것이었다. 김몽의·몽화 형제가 각기 퇴계 후손 이세학李世學과 이병순李秉淳을 사위로 맞고, 김공의 3자 김유의 5세손 김복구金復久가 류정원柳正源의 손자 류건문柳虔文과 대산문인 류회문柳晦文의 아들 류치명柳致明(1777-1861)을 사위로 맞은 것도 이런 추세를 반영하는 것이었다.

　1792년 김몽화가 향년 70세로 생을 마감하였을 때, 사림들은 평소 절제하며 아껴두었던 찬사를 아끼지 않았다. '태산처럼 높고 넓은 도량, 장강대하長江大河처럼 깊은 마음', '비단처럼 화려한 문장', '임금에게는 충성스런 신하, 백성에게는 어버이같은 은혜를 베푼 관료', '명성과 덕망으로 조상을 빛낸 사람'이 그를 향한 동시대 사람들의 평가와 찬사의 요체였다.

　그리고 김몽화의 며느리 완산최씨完山崔氏의 친정 아우였던 최승우崔昇羽(1770-1841)는 '칠암묘갈명七巖墓碣銘'에 이런 말을 남겼다.

밝고 밝은 구암공이시여	顯顯久翁
그 남긴 덕이 극히 아름답도다.	遺德克昌
세상에 그 자취가 아름다웠으니	世趾厥美

공이 바로 그 뛰어난 자손이로다.	公乃挺生
돈독하게 가훈을 준수하여	篤遵庭訓
크게 집안의 명성을 떨쳤도다.	丕振家聲

이것은 무엇을 뜻하는가? 김취문에 의해 기틀을 다진 구암 가문의 도도한 가학과 가풍, 그리고 경세제민經世濟民의 정신이 김몽화를 통해 재점화되었음을 공인하는 것에 다름 아니었다. 이 점에서 김몽화는 김취문의 삶과 정신세계를 착실하게 계승·적용한 완벽한 후예였던 것이다.

2) 차자 계열: 영남에서 꽃핀 기호문화畿湖文化

김취문의 큰아들 김종무金宗武 계열이 류성룡·장현광을 통해 영남학嶺南學의 물줄기를 수용하였다면 차자 김종유 계통은 성혼成渾(1535-1598)을 매개로 하여 기호학파畿湖學派에 편입되었다. 같은 부모 밑에서 성장한 친형제의 학문적 계통이 서로 달라진 것이다. 조선시대 사림문화의 특성상 학문적 성향은 정치적 색채와 불가분의 관계가 있었으므로 장자 계통은 남인, 차자 계통은 서인을 표방하게 되었다.
이런 현상이 여러 학파와 당파가 공존하는 서울이나 경기지역의 양반 가문에서 발생했다면 여파가 작았겠지만, '영남학嶺南

擧’과 ‘남인南人’을 행신의 준칙으로 삼았던 영남의 상황은 매우 달랐다. 후기로 갈수록 구암가문의 큰집과 작은집 사이에 크고 작은 갈등이 수반된 배경도 여기에 있었다. 하지만 한 가지 분명한 것은 이들은 갈등과 대립만을 일삼은 것이 아니라 경쟁과 공조라는 선의의 가치를 표방한 적도 많았다는 것이다. 특히 공동의 조상인 김취문과 관련된 사안에 대해서는 더욱 그러했다. 당쟁이라는 정치적 소용돌이 속에서도 양측 모두 ‘구암공久庵公’을 정점으로 하는 ‘일가의식—家意識’을 유지하기 위해 남다른 애를 썼다는 것에서 구암가문의 또 다른 저력을 발견하게 된다.

(1) 김종유金宗儒: 유종儒宗을 꿈꾼 학문 외길

김종유(1552-1592)의 자는 순중醇仲, 1552년 정월 17일 김취문과 광주이씨 사이에서 둘째 아들로 태어났다. 백형 종무와는 네 살 터울이었지만 형제는 임진왜란의 소용돌이 속에서 둘 나 1592년에 생을 마감했다. 형은 상주에서 전사했고, 아우는 금오산 피난처에서 병사하는 운명을 맞았다.

김종유는 벼슬살이하던 아버지의 영향으로 서울에서 태어났고, 소년시절을 잠시 선산 고향에서 보냈을 뿐 생애의 상당 기간을 서울에서 생활했던 것 같다. 요즘으로 치면 조기 유학생과 비슷한 환경이라 할 수 있었다. 요즘도 서울 유학을 선망하는 이가 적지 않은데, 그 옛날에 선산 사람이 서울에서 생활하며 공부할 수 있다는 것은 행운이 아닐 수 없었다. 더구나 아버지가 학자로서 존경받고, 관료로서 신뢰받는 사람이었기에 그의 청소년 시절은 무척이나 다복했을 것 같다.

그가 혼인하던 1568~1569년 무렵 김취문의 벼슬은 승지였고, 집은 회현방會賢坊에 있었다. 당상관의 직급에 임금을 지척에서 모시는 자리에 있었음에도 혼담이 오갈 때 주변 사람들이 주고받은 말들을 들어보자면 살림살이는 무척이나 빠듯했음을 알 수 있다.

> 선생의 둘째 아들 학생공學生公이 관례를 행하자 진사 유윤俞綸의 집에 혼사를 의논하였다. 진사는 곧 판서를 지낸 경안공景安公 여림汝霖의 아들이었는데, 문호가 매우 혁혁했다. 중매인이 양가를 왕래할 때, 유씨 집의 심부름하는 이가 돌아와 고하기를, "저 회현방 김승지金承旨의 집은 나무 구기杓子로 밥을 나누고 있으니 그 곤궁함을 알 만합니다. 하필이면 저처럼 가난한 집에다 혼사를 맺으려 하십니까?"라고 했다. 판서공이 웃으면서 말하기를, "이것이 지금 사람들이 김승지를 어질게 여기는 까닭이다."라고 하고는 마침내 혼사를 맺었다.
>
> ─ 김취문, 『구암집』 권3, 「구암유사」

그의 장인 유윤兪綸은 김취문과 같은 어진 사람의 아들이라면 볼 것도 따질 것도 없다고 여기고 김종유에게 딸을 시집보냈다. 이렇게 그는 서울의 명문대가의 사위가 되었던 것이다. 유윤은 딸만 셋이었고, 가산도 무척 넉넉한 사람이었다. 그리하여 김종유가 아내 몫으로 받을 재산이 적지 않았지만 그는 동서들에게 양보하고 쓸 만한 병풍 하나만 가졌다고 한다. 이것을 보아도 재물에 집착하지 않았던 김종유의 담박한 성품과 학자적 품성을 알 수 있다.

김종유는 '유학의 종사宗師'를 뜻하는 자신의 이름처럼 일생 벼슬하지 않고 학자의 길을 걸었다. 아버지 김취문의 관료적 면모를 계승한 사람이 형 종무였다면 학자적 품성을 이은 사람이 바로 그였던 것이다. 아버지가 대학자였으므로 청소년기에는 당연히 가정에서 수학했을 것이고, 혼인 이후에는 기호학파의 종사인 우계牛溪 성혼成渾(1535-1598)을 사사하여 공부의 범위를 확대했다.

성혼은 당시 서울·경기권의 선비들이 선망했던 학자였다. 아버지 성수침成守琛(1493-1564)은 중종조 사림파의 영수 조광조의 학통을 이은 대학자로 이황도 그를 존경하여 비문을 짓고 글씨까지 써주었다. 그런 아버지 밑에서 성장한 결과 성혼은 율곡 이이와 함께 기호학계를 상징하는 학자로 성장하였으니, 그 학행을 배우기 위해 선비들이 구름처럼 모여들 만했다.

우계연보

　　김종유가 우계문하를 출입한 데에는 또 다른 계기가 있었다. 바로 처가의 학풍이었다. 그의 처가 기계유씨는 경중京中의 명벌이자 우계학통의 핵심가문이었다. 장인 유윤의 종손자 유대정兪大禎·대건大建·대진大進·대일大逸·대의大儀 등도 관계와 학계에서 크게 두각을 드러냈는데, 이 가운데 유대진·대일 형제가 우계문인이었다. 특히 유대진은 김권金權·황신黃愼·신응구申應榘·오윤겸吳允謙·이귀李貴·한교韓嶠 등과 함께 성혼으로부터 골육에 버금가는 신뢰를 받은 애제자였다. 이런 분위기는 김종유의 우계문하 출입을 너무도 자연스럽게 이끌었던 것 같다.

김종유가 성혼과 원활한 사우관계를 유지할 수 있었던 데에는 거주 기반도 한몫을 했다. 성혼은 본디 파주 사람이지만 서울에도 고아古雅한 집이 있었다. '솔바람 소리를 듣는 집'이라는 뜻을 가진 '청송당聽松堂'이 바로 그것이다. 아버지 성수침으로부터 물려받은 이 집은 우계학牛溪學의 산실이자 우계학파의 기념물처럼 여겨진 집인데, 소재지는 지금의 서울시 종로구 청운동이다.

청년 시절까지 아버지의 우거지인 회현방에 살았던 김종유는 혼인 이후 남산에 있던 영의정 상진尙震(1493-1564)의 정자를 인수하여 거처하면서 백악산 아래에 있던 성혼의 집을 왕래하며 수학할 수 있었던 것이다.

> 부군께서는 서울로 가서 호현방 남산 위에 있던 재상 상진尙震의 정자를 매입하여 살았다. 우계문하를 한 달에도 여러 차례 왕래하여 문답한 글이 한두 축이 되었다.
>
> ─『선산김씨세적』제4편, 「학생공 김종유 행적」

산수벽이 깊었던 김종유는 학문의 여가에 명산대천을 유람하는 일이 잦았다. 1586년에는 금강산과 경포대鏡浦臺를 유람한 뒤 돌아오는 길에 파주 성혼의 집에 들러 그 감회를 자랑삼아 말한 적도 있었다. 두 사제는 모든 것을 이야기할 수 있는 그런 사이였던 것이다.

　자연을 사랑하고 멋과 운치를 아는 풍류남아는 대체로 호방한 법인데, 김종유는 예외였다. 그는 좀처럼 남을 인정하지 않았고, 벗을 사귐에 있어서도 조건이 까다로웠다. 학문과 행의에 있어 당대의 명류가 아니면 교유하지 않았다. 따라서 숫자는 적었지만 벗들 중에는 내로라하는 명사들이 많았다. 당시의 학계와 관계를 주도했던 김장생金長生(1548-1631)·정엽鄭曄(1563-1625)·이정형李廷馨(1549-1607) 등이 그의 절친한 벗이었다. 특히 정엽은 김종유의 사후 공무차 영남으로 내려왔을 때 일부러 짬을 내어 금오산 아래 친구의 무덤을 찾아 제문을 올리고는 한바탕 곡을 하고 갈 만큼 살가운 사이였다.

　서인계 명사들과의 친밀했던 교유는 그 후학들에게로 이어졌다. 그런 면모는 17세기 서인의 거두 송시열宋時烈(1607-1689)이 묘갈명의 찬술을 자청하고, 역시 17세기 서인계의 석학이었던 박세채朴世采(1631-1695)가 자신의 저술『동유사우록東儒師友錄』에 김종유를 우계문인의 한 사람으로 당당하게 입전한 것에서 확인할 수 있다. 아래는 송시열이 지은 김종유 묘갈명의 맨 첫머리인데, 송시열이 지은 비문 중에 이보다 더한 찬사가 있을까 싶다.

　　선비가 지조와 행실이 높고 곧되, 조정에서 혹 빠트리고 등용
　　하지 아니해도 스승과 친구들이 받들어 높이고, 몸은 비록 세

상에 묻혀도 문채가 현저하게 드러나는 사람이 있다.
　　　　　　　　　　　　－송시열, 『송자대전』, 「학생공 김종유 묘갈명」

　또 송시열이 그를 동양사회에서 정인군자正人君子의 표본으로 일컬어진 후한後漢의 학자 곽태郭泰에 비겨 칭송한 것을 보면, 그 곧고 바른 명성은 참으로 당대에 으뜸이었던 것 같다.

　동시에 그는 효자였다. 임진왜란이 일어나자 고향 선산으로 내려와 형을 대신하여 어머니와 형수를 모시고 금오산으로 피난을 갔다. 바로 이곳에서 어머니 광주이씨와 그는 유명을 달리했고, 친정으로 가던 형수 풍산류씨는 일직현一直縣에서 생을 마감하였다. 이처럼 일가의 참상이 혹독했지만 마지막 순간까지 어머니와 함께 하였으니, 그는 뛰어난 학자 이전에 효성스런 아들이었다.

　담박하다 못해 결벽에 가까울 만큼 군더더기를 싫어했던 그는 평소 자손들에게 '나중에 내가 죽으면 절대로 벼슬을 언급하지 말고 신주에도 학생이라고 써라.'는 경계와 당부를 남겼다. 불필요한 과장이나 수식을 용납하지 못했던 단정한 성정이 극명하게 드러나는 대목이다. 그래서 그는 지금도 '학생공學生公'일 뿐이다.

　영남 사림의 자손으로 태어나 송당학의 훈기를 받고 자란 그가 우계문하를 출입하여 기호학을 수용한 것은 구암가문의 학문적 범주의 확대 과정이었다. 요즘 방식으로 표현하면, 김종유는 학문적 소통과 개방을 몸소 실천한 혁신적인 학인이었던 것이다. 그의 이런 정신은 고스란히 대물림되어 그의 자손들은 송시열·이재·김원행 등의 석학들을 통해 기호학을 꾸준히 계승하며 영남을 대표하는 서인 기호학파 집안으로 성장·발전하게 되었다.

【선산김씨 가계도: 김종유 계열】

종유宗儒 → 휘量 → 정의挺義 → 상오相五

　　　　　　　　정선挺善

　　　　　　　　정일挺一

　　　　→ 훤翧 → 시민時閔 → 상옥相玉 → 의경宜鏡

　　　　　　　　　　　　　　　　　　의감宜鑑

　　　　　　　　　　　　　　　　　　의수宜錢

　　　　　　　→ 시안時顔 → 상현相鉉 → 의정宜鼎

　　　　　　　　　　　　　　　　　　의련宜鍊

　　　　　　　　　　　　　　　　　　의건宜鍵

　　　　　　　　　　　　　　　　　　의려宜礪

(2) 김휘金翬와 김훤金翧: 기호학을 가학家學으로 정착시키다

김종유는 기계유씨와의 사이에서 2남 2녀를 두었는데, 큰아들이 휘翬(1568-1627)이고, 작은아들이 훤翧(1583-1639)이다. 최형崔衡에게 시집간 큰딸은 임란 때 정절을 지키다 죽어 나라에서 절부의 정려를 내렸다. 이들 남매는 어머니 밑에서 엄한 교육을 받고 자랐다. 유씨 부인은 성품이 엄격하고 법도가 있어서 자녀들이 솔직하지 못한 것이 있으면 준엄하게 꾸짖었고, 심지어 성장해서도 용납하지 않았다고 한다. 이 정도면 집안의 법도를 족히 알 만한데, 사람들은 중국 사마온공司馬溫公의 가법을 조선에서 볼 수 있는 곳은 이 댁밖에 없다고 했을 정도였다.

장자 김휘는 1605년 진사시에 합격한 뒤 하급직인 동몽교관을 지냈고, 차자 훤은 1606년 생원을 거쳐 내시교관의 직함을 지녔을 뿐 이렇다 할 관직이 없었다. 다만 지조가 단결하고 언론이 명민했던 김훤에게는 대간직이 주어질 뻔 했으나 곧바로 사망함으로써 이 또한 물거품이 되고 말았다. 그럼에도 송시열이 지은 묘표에 따르면, 김훤은 평생 금서琴書를 가까이 했던 청한淸閑한 선비, 과거 시험관이 옛 친구임을 알고는 스스로 피할 줄 알았던 '경우 바른' 사람, 자신은 물론 남을 속이는 것을 극도로 혐오했던 개결한 지식인이었다.

이와 관련하여 그에게는 이런 일화가 전해 온다. 김훤에게는 집안에서 부리던 수완 좋은 종이 하나 있었다. 그런데 하루는 이 종이 병든 말을 속여 팔아 좋은 값을 받아 온 일이 있었다. 우연찮게 이 사실을 접한 김훤의 흉중에는 노여움과 부끄러움이 교차했다. 즉시 종을 엄하게 꾸짖고는 말을 산 사람을 불러 저간의 경위를 설명하고는 돈을 돌려준 뒤 말을 되돌려 받았다. 이것은 비록 자잘한 예에 지나지 않지만 그의 사람됨을 짐작하기에 부족함이 없다.

김휘·김훤 형제의 삶은 아버지에게 씌워진 누명을 벗기는 데 집중되었고, 그 과정은 현실에 대한 염증을 심화시키는 계기가 되었다. 그 도화선이 된 것은 1601년 12월 경상도 생원 문경호文景虎(1556-1620)의 상소였다. 정인홍鄭仁弘(1535-1623)의 문인이었던 문경호는 이 상소에서 성혼을 최영경옥사崔永慶獄事의 주모자로 성토하면서 김종유를 끌어들였다. 즉, 문경호는 성혼이 최영경 옥사의 주모자임을 밝히는 과정에서 성혼과 김종유의 대담을 주요한 증거로 제시함은 물론 이 일로 인해 김종유가 파산문하坡山門下에서 사실상 파문되었음을 주장함으로써 사단을 일으켰던 것이다. 이에 우계문인 황신黃愼이 상소하여 성혼의 무고함을 극력 주장하였으나 선조는 "간인에게 편당하고 임금을 저버린 죄로써 죄주는 것이 가하다."라고 하며 성혼의 관작을 삭탈했다.

문경호의 상소는 김종유의 자손들을 난처하게 만들었다. 김휘는 당황스러움과 분노의 마음이 컸지만 금세 냉정을 되찾고 아

버지의 무고를 변론하는 상소를 올려 문경호의 상소를 조목조목
비판했다. 하지만 선조의 반응은 싸늘했다. 선조는 상소의 배후
여부를 의심하는 눈치였고, 매우 고압적인 언사로 김휘의 항변을
일축했다. 이로써 아버지의 무고를 씻고자 했던 김휘의 노력은
실패로 돌아가고 만다.

　이런 곡절을 거치면서 김종유계는 영남지역 동인계와의 관
계를 청산하고, 우계학통 쪽으로 연원의식을 더욱 강화하며 서인
을 표방하게 된다. 김종유의 차자 김휘이 정엽을 종유하며 선대
이래의 세의를 다진 것도 우계학통으로서의 동질감 때문이었다.

(3) 선비가의 의자의손宜子宜孫: 가학 계승의 아름다운 자취들

　김종유와 그 아들 대를 거치면서 기호학은 '학생공집안'의
가학과 가풍의 줄기가 되었다. 이제 혼맥과 학맥도 이런 틀을 벗
어날 수 없었다. 이것이 조선 양반들의 삶의 방식이었다. 김종유
의 자손 가운데 기호학의 수용과 발전이라는 측면에서 가풍을 올
곧게 계승한 것은 작은아들 김휘 계통이었다.

　김휘의 아들 김시민金時閔(1606-1644)은 영일정씨 정유성鄭維城
(1596-1664)의 딸과 혼인하였는데, 정유성은 율곡栗谷의 아우 이우
李瑀(1542-1609)의 사위였다. 선산 출신의 명필 황기로黃耆老의 유일
한 사위였던 이우는 처가로부터 매학정梅鶴亭을 물려받았고, 그

자손들은 이를 바탕으로 선산 일대에 강력한 재지적 기반을 구축할 수 있었다. 특히 이우의 증손 이동야李東野 · 동명東溟(1624-1692) · 동로東魯, 현손인 증화增華 · 정화鼎華는 송시열과 사우문인 관계를 형성하며 영남의 서인계 명가로 성장했다. 김시민은 이우의 외손서가 되어 율곡학통과 더욱 밀착될 수 있었고, 그 연장선상에서 처가 인척인 이동유李東維를 질서로 맞음으로써 혈연적 유대를 더욱 강화해 나갔던 것이다.

숙종조 김종유 가문의 구심점을 이룬 사람은 김시민의 아들 김상옥金相玉(1640-1690) · 상현相鉉(1643-1713) 형제였다. 김상옥은 여류문장女流文章으로 불렸던 조모 최씨와 어머니 이씨의 가르침을 받아 학자로 우뚝 성장했고, 1672년에는 진사시에도 합격하여 문명을 크게 떨쳤다. 무엇보다 그는 송시열의 문하에 나아가 큰 공부의 방향을 들었는데, 『송자대전宋子大全』에는 송시열과 예禮를 토론한 여러 편이 실려 있다. 이런 맥락에서 상옥 · 상현 형제는 기호학파의 종사宗師 김장생의 문묘종사를 청하였고, 송시열은 김종유 · 김훤 부자의 묘도문자를 지어 성의에 답했다.

김상옥 · 상현을 둘러싼 인적 연계망은 크게 학연과 혈연으로 구분할 수 있다. 전자는 송시열과의 사제관계가 대표적이며, 후자는 벽진이씨 이민선李敏善 가문(시민時閔의 사위가, 의경宜鏡의 처가), 일직손씨 손단孫湍 가문(의감宜鑑의 처외가), 밀양박씨 박진인朴振仁 가문(의수宜鐩의 처외가), 안동권씨 권우형權宇亨 가문(상옥相玉의 사위가), 평산신씨 신관일申寬一 가문(상옥相玉의 사위가), 파평윤씨 윤근尹瑾 가문(시민時閔의 사위가), 인동장씨 장용한張龍翰 가문(의련宜鍊의 처가), 은진송씨 송시걸宋時杰 가문(의려宜礪의 사위가), 은진송씨 송기후宋基厚 가문(의경宜鏡의 사위가), 창녕성씨 성람成灠 가문(의경宜鏡의 사위가), 해주정씨 정문부鄭文孚 가문(의수宜鐩의 사위가)과의 혼맥을 들 수 있다. 은진송씨를 제외하면 모두 조선후기 영남지역 서인·노론을 대표하던 가문들이었다. 이들 서인 명문들과의 거미줄처럼 얽힌 혼맥은 선산김씨 김종유 가문이 조선후기 영남 내 서인계 공론을 형성·조율·전개함에 있어 핵심적인 지점에 존재하였음을 의미했다.

상옥·상현이 구축한 집안의 정치·학문적 전통을 잘 이은 사람은 상현의 아들 의련宜鍊(1672-1730)·의려宜礪(1686-1764)와 손자 이일履逸(1708-1760)이었다. 김의련은 나선정벌의 영웅 통제사 신유申瀏(1619-1680)의 외손자라는 점에서 사회적 지위가 탄탄했고, 1729년에는 생원시에도 합격하여 향중에서는 촉망받는 지식인으로 일컬어졌다. 또한 그는 부모에 대한 공경과 형제 사이의 우애가 각별한 사람이었다. 어머니 평산신씨는 용모가 매우 아름다웠을 뿐만 아니라, 장군의 딸답게 성품이 무척이나 엄격했다고 한다. 그럼에도 그는 평생 어머니의 뜻을 어기는 법이 없었고, 일찍 사망한 형을 대신하여 집안일을 챙기는 데에도 성의를 다해 효우군자로 일컬어졌다.

이런 부모가 있었기에 그 아들 이일履逸 또한 학문과 덕행을 갖춘 선비로 성장했다. 이일은 경사經史에 박통하여 18세기 선산 지역의 학풍을 이끌었고, 거문고·바둑, 그리고 수백 권의 책과 함께 소일하면서 생의 즐거움을 만끽한 아정雅正한 성정의 소유자이기도 했다. 동시에 그는 가난한 사람을 보면 구휼에 인색하지 않았던 인정스런 사람이었다. 1735년에 벼 백여 섬을 쾌척하여 굶주린 사람을 구제한 일화는 노블레스 오블리주의 적극적 실천에 다름 아니었다. 또 병이 들었음에도 치료비를 마련하지 못한 종질 도항道恒을 위해 자신의 재산 가운데 높은 가격으로 빨리 팔릴 수 있는 것을 흔쾌히 내놓았을 때 집안 사람들은 속 깊은 배려에 고개를 숙였고, 고을 사람들은 옛 군자의 기풍을 지닌 선비로 칭송해 마지않았다.

그는 낙항樂恒·면항勉恒 두 아들과 박천형朴天衡에게 출가한 딸 하나를 두었다. 낙항과 면항은 각기 진사와 생원에 합격했고, 박천형은 문과를 거쳐 감사를 지냈으니, 자손의 번화함도 비길 데가 없었다. 그리고 이런 적덕의 결과 작은아들 면항의 손자 석모錫模는 1840년 문과에 합격하여 사헌부 집의를 지냄으로써 그의 가계는 학생공의 자손들 중에서도 가장 혁혁한 계통으로 꼽히게 되었다.

(4) 도도하게 흐르는 기호학의 물줄기:
그들이 만난 홍유鴻儒·석학碩學들

김종유의 자손들은 기호학 중에서도 어떤 물줄기를 수용하여 학문적 자양분으로 삼았을까? 성혼成渾과 김종유金宗儒의 사제관계는 송시열宋時烈과 김상옥金相玉의 사제관계로 발전했고, 그 연장선상에서 18세기 중엽 이후부터는 이재李縡(1680~1746), 김원행金元行(1702~1772), 송능상宋能相(1710~1758), 송치규宋稚圭(1759~1838), 송래희宋來熙(1791~1867) 등 기호학파 종사들과의 사승관계로 크게 확대되었다.

김종유 계열이 경향의 노론 명사들과 학연을 맺게 된 배경은 김상옥金相玉·상현相鉉 형제의 우암문하 출입, '사계문묘종사론沙溪文廟從祀論'에서 보여준 노론공론의 대변 활동 등에서 찾을 수 있다. 김숙金埱이 송치규宋稚圭에게 김낙항의 묘표를 청하면서 선대의 세의世誼를 상소한 이유도 여기에 있었다.

김이연履延(1709-1754)·이원履遠(1711-1774) 형제가 이재李縡의 도암문하陶庵門下를 출입한 것은 아버지의 명에 의해서였다. 용인의 한천정사寒泉精舍에서 강학하며 의리론義理論을 강조했던 이재는 근기지역을 중심으로 문인집단을 형성했고, 문인 중에는 중앙의 정계와 학계에서 두각을 드러낸 인물이 많았다. 김이연·이원은 영조 초반 이재가 선산 여차리余次里에 우거할 때 학연을 맺은 것으로 짐작된다. 이재는 한두 차례 몸소 들성坪城을 방문한 바 있었고, 1737년(영조 13) 김이연에게 보낸 답서에서는 이들 형제에 대한 학문적 신뢰감을 강하게 피력하기도 했다.

한편 김종유의 6세손 김면항(1739-1818)과 7세손 김익균金益筠은 김원행의 미호문하渼湖門下로까지 사승관계의 외연을 확대해 나갔다. 김면항이 김원행을 사사한 것은 1770년(영조 46)으로 당시 김원행은 아들의 영동 임소에 머물고 있었다. 이때 김면항은 김원행으로부터 『대학』과 『근사록』을 배웠으며, 스승으로부터 크게 인정을 받았다. 1772년 김원행이 사망하자 그는 양주 땅 한강변의 미호渼湖로 가서 예장禮葬에 참여함은 물론 기일이면 미호로 가서 참제參祭할 만큼 연원의식이 각별했다. 그의 향학열과 사문師門에 대한 추양推揚 의식은 미호문인들로부터 커다란 호응을 얻었고, 노론학맥의 본산인 석실石室·한천서원寒泉書院에서 강론하는 과정에서는 '남주고사南州高士'라는 칭송을 듣기도 했다.

일찍이 문원공의 묘소에 성묘하고 석실서원에 들어가 사우들과 함께 강학하니 삼산재三山齋 김공金履安이 크게 인정하였다. 이공 운영運永의 황간현감 재직시에는 한천서원寒泉書院에 모여 사흘을 강론하니 남주고사南州高士라 하며 초은조招隱操를 써 주었다. … 공은 동문이었던 판서 김이도金履度와 본디 서로 사이가 좋았다. 그가 일찍이 사람들에게 말하기를, "우리

150

【김종유 계열 학통도】

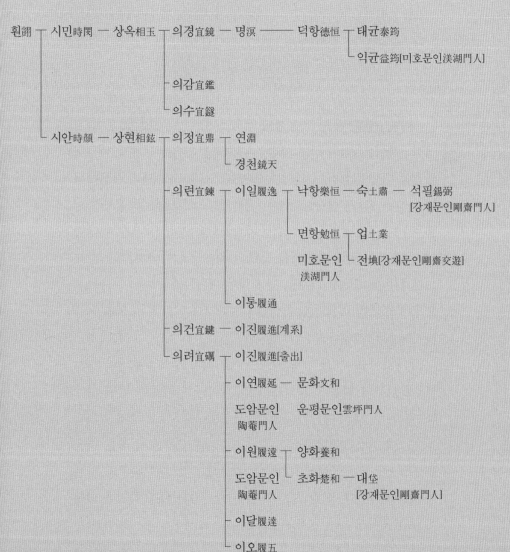

당숙[金元行]의 문하에서 실심칙행實心飭行하는 이는 오직 김우
金友뿐인데, 그를 침륜沈淪되게 한 것은 우리들의 허물이다."
라고 했다.

— 송치규, 『강재집』 권13, 「국오공 김면항 행장」

이재·김원행 등 기호학파 석학들과의 사우관계를 통한 김
이연·이원, 김면항 등의 활발한 학술활동은 김종유계의 학문적
위상을 더욱 강화하는 의미가 있었다. 그리고 그 연장 선상에서
이들의 자제들은 송능상宋能相·치규稚圭·래희來熙 등 호시권 노
론 명사들의 문하를 출입하며 기호학통을 꾸준히 계승해 나갔
다. 김문화金文和의 운평문하 수학은 송능상과 김이연金履延의 교
유관계에서 비롯된 것으로 파악되며, 김전金㙉·대坮·석필錫弼
은 송치규의 강재문하剛齋門下에서 수학하였는데, 특히 석필은 예
학에 조예가 깊었다.

이 외에도 분명한 사승관계는 확인되지 않지만 호령간湖嶺間
사우들로부터 학문과 행의로써 추중을 받은 이들도 적지 않았
다. 평소 이정二程 및 이이李珥·송시열宋時烈의 글을 즐겨 읽었던
김숙은 효우孝友와 학문으로 송치규로부터 '장자長者'라는 평을
들었고, 또 참판 박래겸朴來謙은 그를 남도南道의 주인이 될 만한
인물로 극찬했다. 이런 기반 위에서 그는 생가 아우 김전과 더불
어 송치규에게 가서 선대의 묘도墓道 문자를 받아올 수 있었다.

또 김이통金履通의 증손 김석룡金錫龍은 송래희와 자주 서찰을 왕
복하며 학문을 토론했고, 그 아들 김호영金祜永은 금곡문하錦谷門
下에서 수학하여 인정을 받았다.

3. 큰집과 작은집의 갈등과 경쟁
그리고 공조의 면면들

김취문을 같은 조상으로 하면서도 남인 영남학파를 표방했던 장자 김종무 계열과 서인 기호학파를 지향했던 차자 김종유 계열 사이의 학문·정치적 괴리감은 당쟁의 격화와 향촌 내부의 이해관계로 인해 심화된 면이 없지 않았다. 그러나 17세기 초반까지만 해도 이들에게는 지친至親으로서의 애틋한 정이 있었고, '일가의식一家意識'도 남달랐다. 김공金玒이 사환 도중에 병을 얻어 사망한 종제 김훤金翧을 애도한 글에는 어떤 괴리감도 나타나 있지 않았다.

난리를 맞아 부모님을 여의고 동분서주할 때 나는 의탁할 곳이 없어 외숙께 취식했고, 군은 외가를 따라 서울로 갔었지. 서로 헤어진 뒤에 여러 해를 지나 각자 성인이 되어 비로소 서로 만나 보고서는 지난 일을 추억하며 울음을 삼켰었지. … 태학에서 선비를 추천함에 군이 맨 먼저 선발되었고, 당시 재상이 인재를 가려서 뽑음에 군이 또한 선발되어 연거푸 세 차례나 명이 있었지. 한미한 우리 집안 이만으로도 영광으로 여겨 부임치 않으려는 군을 내 억지로 권해서 보냈지. … 여섯 달 사환생활에 침식을 제대로 못하고 약물도 변변치 못해 운명하게 되었으니, 벼슬길을 권유했던 나의 허물이로다.

— 김공, 『욕담집』, 「종제 훤을 애도하는 제문」

비록 김공은 제문에서 출사를 종용했던 자신을 책망하고 있지만 행간에 담긴 정신은 지친의식至親意識이었고, 그것은 '구암의 손자'라는 동조의식同祖意識에 바탕하고 있었다. 이후 두 계열은 정치사회적 입장과 치지에 따리 때로 미찰을 빚기도 했지만 '구암현양사업'에서는 공조하는 모습을 보인다. 이는 마음 깊은 곳에 '일가의식'이 간직되어 있었기 때문이다.

1) 화의군和義君 묘갈에 드리운 갈등의 어두운 그림자

큰집과 작은집의 서로 다른 이해관계가 향촌생활 또는 문중

운영 과정에서 어떻게 표출되고, 또 어떤 방식으로 조정되었는지를 알려주는 자료로는 노상추盧尙樞(1746-1829)의 『일기日記』만한 것이 없다. 노상추는 선산 출신에다 구암가문과 척분까지 있었으므로 아주 가까운 곳에서 이들의 삶의 모습들을 담을 수 있었기 때문에 기록의 신뢰성이 높다.

> 듣자하니, 들성坪城의 김씨 문중은 모두 구암久庵 선생의 자손인데, 당론으로는 서론西論과 남론南論이 있다. 종중의 일은 문장門長이 주관하는데, 예로부터 지금에 이르기까지 서론파에서는 문장이 나온 적이 없었다. 지금 남론파 문장의 소목이 이미 끊겼으나 남인파에서는 서인파가 문장이 되는 것을 허락하지 않고 나이가 많고 항렬이 낮음을 중시하여 종중 문안이 든 상자를 서인파에게 전했다고 한다. 소목에 입각하여 문장을 행한 것이 이미 오래된 규례인데, 지금 소목昭穆을 버리고 연치를 따르는 것은 불가하다고 하여 서로 대립하다 관청에 진정하여 소송하는 지경에 이르렀다. … 이쪽 파(남론파)의 사람들은 기어코 문장을 허락하지 않고, 저쪽 파(서론파)에서는 소목에 따라 문장을 행해야 한다고 하여 일족의 형편이 이미 이 지경에 이르렀으니 각 파별로 문장이 종사를 주관하는 것이 옳지, 어찌 반드시 도문장을 세울 필요가 있겠는가.
>
> ―노상추, 『노상추일기』, 「1776년 6월 13일」

화의군 묘소

　노상추의 기술에 따르면, 종중 운영상의 주도권은 전통적으로 김종무 계열이 장악하고 있었다. 비록 종중의 대표격인 문장門長을 김종무 계열에서 독점한 점은 인정되지만 이는 세력 구도이전에 장자와 차자라는 차서次序 개념이 적용된 측면이 있어 보인다.

　여기서 중요한 것은 적어도 150년간 유지되던 종중 운영의틀이 이 시기에 와서 새로운 국면을 맞게 되었다는 점이다. 김종유 계열의 학문·사회적 성장이 기존 질서에 대한 강력한 이의제기로 이어졌을 가능성도 배제할 수 없다. 물론 쟁송에 대해 관청이 어떤 판결을 내렸고, 그것의 수용 여부 또한 알 수 없지만, 18세기 후반을 기점으로 양측 간에 이른바 종권宗權 다툼이 치열하게 전개된 것은 분명한 것 같다.

이로부터 23년 뒤인 1799년(정조 23)에 위와 동일 맥락의 사안이 발생했다. 이번에는 선대의 비문이 화근이 되었는데, 그 대상 인물은 김취문의 5대조 화의군和義君 김기金起였다. 김기의 묘표가 건립된 것은 1737년(영조 13)으로 주관자는 김유수金裕壽, 비문의 찬자는 김성탁金聖鐸(1684-1747)이었다. 문제는 김성탁의 정치적 위상의 굴곡이었다. 안동 출신인 김성탁은 골수 남인계열의 학자·관료로 이해 5월 '이현일신원소李玄逸伸寃疏'를 올렸다가 제주 정의현에 유배되었고, 1739년에는 명의죄인名義罪人 이현일(1627-1704)의 문인이라는 이유로 관작을 삭탈당했다. 이런 상황에서 죄인이 지은 비문을 그대로 둘 수 없다는 이유에서 화의군의 묘표가 땅에 묻히는 곡절을 겪게 된 것이다.

이후 1796년에 김성탁이 신원되면서 큰집에서 선산부사의 허락을 받아 비를 다시 건립하게 되었으나 작은집에서 불만을 품고 비를 넘어뜨리고 비문의 일부 내용을 훼손시키는 사태가 벌어졌다. 이에 선산부사가 그 주동자를 잡아 조사하려 했으나 작은집에서 관령을 거부하자 부사가 사직하기에 이르렀다. 작은집에서 부사의 명을 거부할 수 있었던 것은 당시 경상감사 이의강李義綱의 암묵적 지원이 있었기 때문이었다.

큰집에서 볼 때, 김성탁은 18세기 영남학파의 중진이자 영조조 영남 남인의 영수였지만 작은집에서는 명의죄인 이현일의 제자로서 노론공격에 앞장선 정치적 반대파에 지나지 않았다. 김성탁에 대한 이러한 상반된 인식이 화의군 묘표의 수난을 초래했던 것이고, 각기 선산부사와 경상감사의 지원을 등에 업은 정치적 행위들이 환립 과정에서 또 다른 대립을 야기시켰던 것이다. 노상추가 이 파동을 '위선爲先'이 아닌 '당론黨論'에 따른 사건으로 규정한 이유도 여기에 있었다.

2) 낙봉서원洛峯書院 사액운동에 비친 공조의 밝은 빛

그렇다고 두 집안이 반드시 갈등과 대립만 수반한 것은 아니었다. 1786년(정조 10)에 추진된 낙봉서원洛峯書院 청액운동은 서남 양측의 공조로 이루어 낸 결실이었고, 그 바탕에는 '구암가문'이라는 일체의식이 깔려 있었다. 당초 낙봉서원은 김숙자·김취성·박운의 제향처로 건립되었으나 1702년 김취문·고응척이 추배됨으로써 구암가문이 '청액운동'의 중심에 설 수 있었다.

사액을 요청하는 상소의 소두는 김취연의 8세손인 진사 김광형金光泂으로 정해졌고, 간부그룹을 형성한 유생은 홍천휴洪天休·김낙항金樂恒(1730-1803)·박빈수朴彬秀·김윤구金胤久·김택구金宅久·김양정金養鼎 등이었다. 이 가운데 김종무 계열의 대표자

낙봉서원

가 김택구였고, 김종유 계열을 대표한 사람이 김낙항이었다.

　김취문 자손의 공조체계와 송당연원 집안의 지원을 바탕으로 추진된 '낙봉청액운동'은 동년 10월 28일 김택구가 청액소를 승정원에 봉입함으로써 국가적 논의 사안이 되었다. 소론계 승지 조덕연趙德衍이 상소를 흔쾌하게 접수할 때부터 조짐이 좋았다. 무엇보다 소관 부서의 책임자인 예조판서가 우호적인 입장을 보인 것은 더욱 다행이었다.

　그러나 정조는 확답을 내리지 않고 영의정과 협의할 것을 지시했다. 영의정 김치인金致仁(1716-1790)이 낙봉서원 사액에 대해 신중론을 주장하고 나섰기 때문이었다. 이에 예조에서 관원을 파견하여 설득하자 김치인은 "이 서원의 사액은 크게 과람하지 않으므로 요청에 따라 시행하는 것이 좋다."라는 의견을 제시했다. 이로써 낙봉서원 청액운동은 상소를 올린 지 한 달만에 전격적으로 실현되었고, 이듬해인 1787년(정조 11) 2월 12일 마침내 편액을 내리는 선액례宣額禮를 거행함으로써 150년의 숙원을 달성할 수 있었다. 노상추는 예상외로 순탄했던 낙봉서원 사액의 배경을 아래와 같이 기술했다.

낙봉서원 청액은 소유疏儒들이 한 방에서 지낸 까닭에 제반 문자를 상세하게 기록할 수 있었다. 사기事機가 우연히 부합되어 소론 승지 조덕연이 소를 봉입하였으며, 노론 중신 판서 서유린徐有隣이 극력 자임했고, 소론 판서가 기어코 입계하였으며, 또 참판 채홍리蔡弘履, 승지 홍인호洪仁浩, 참의 서용보徐龍輔가 주변에서 힘을 실어주었다. 이것이 이른바 천재일우의 기회라고 하는 것이다. 사문의 큰 다행이 아닐 수 없다.

—노상추, 『노상추일기』, 「1786년 11월 25일」

노상추는 예기치 않았던 노론·소론·남인의 공조와 지원이 사액 실현의 결정적 계기가 되었다고 하며, 당론을 떠나 목적 달성에 만전을 기했던 큰집과 작은집 자손들의 협조 또한 매우 높이 평가했다. 이처럼 구암가문 사람들은 때로 갈등을 빚으면서도 중요한 집안일에는 힘을 합쳤으니, '경쟁적 공조관계'란 바로 이런 것이었다.

제3장 종가의 제례

1. 구암종가의 제례

　　구암종가의 제례는 불천위제不遷位祭·기제忌祭·차사茶祀·
묘사墓祀 등이 있다. 김취문의 불천위 제사는 음력 3월 18일이며,
비위인 광주이씨는 8월 2일이다. 불천위 제사는 문중에서 주관
하고, 4대봉사 등 기제사는 종가에서 담당한다.

　　앞에서도 언급하였지만 김취문의 불천위 제사는 9세손인 김
희복金希復(1739-1763)의 사후 생활고로 인해 중단되었는데, 그 시
기는 어림잡아 18세기 후반 경으로 추정된다. 형편이 개선되면
마땅히 다시 제향할 요량이었지만 그 또한 여의치 않았던 것 같
다. 18세기에 중단된 불천위 제사가 재개된 것은 2010년이었으
니, 줄잡아 200년 동안 궐향 상태를 지속한 것이다. 여느 종갓집

에서는 생각하기 어려운 일이 구암종가에서 벌어졌던 것이다. 경위야 어떻든 불천위 제례의 재개는 구암종가의 면모를 일신하는 획기적인 일임에 분명했고, 이를 통해 종손과 지손 등 종중의 단합을 도모할 수 있게 된 것은 큰 다행이라 하겠다.

2. 불천위 제례의 과정과 절차

김취문의 불천위 제례는 음력 3월 18일이며, 비위인 인천이
씨와 광주이씨를 합설하여 행사한다. 이에 대한 지손 김교홍(1934
년생)의 설명은 이렇다.

> 우리 집안은 전통적으로 그렇게 해요. 각설은 정례正禮이고,
> 합설은 정례情禮인데, 우리는 정례情禮를 전통적으로 지내고
> 있어요. 그래서 모든 지손들도 정례로 지내고 있습니다.

법식보다는 정情을 중시하는 것이 구암가문 예법의 대의大義
인 것이다. 이런 정신으로 인해 제례 시간도 후손들의 편의를 고

려하여 오전 10시로 정했다고 한다. 형식적 엄중함보다는 많은
자손들이 참여할 수 있도록 하는 것이 인정仁情의 본의라 여기는
것이다.

1) 제사 준비

제수는 문중의 유사가 준비하며, 비용은 종중이 분담한다.
유사가 구미 시내나 마을 인근에서 장을 봐서 오면 집안의 부인
들이 제수를 장만한다. 요즘은 참여하는 사람도 많지 않거니와
오는 사람의 대부분이 노인들이다. 이런 형편은 구암종가뿐만
아니라 전국 큰집들의 일반적인 상황이다.

제사 당일이 되면 들성을 비롯하여 경향 각처에서 제관들이
모이고, 이들을 대상으로 집사를 나누어 정한다. 2015년 불천위
제사 때의 집사분정의 내역은 아래와 같다.

〈구암선조 불천위제향시 집사 분정〉
- 초헌관初獻官: 종손 김사익金思翼
- 아헌관亞獻官: 종부 풍산류씨豊山柳氏
- 종헌관終獻官: 김형조金亨祚
- 축祝: 김사호金思昊
- 집례執禮: 김교언金敎彦

집사분정기

- 집사執事: 김구호金九鎬 김규천金圭千 김순조金舜祚 김교한
  金敎漢
- 학생學生: 김지묵金志默 김재명金載明

주자의 『가례家禮』에도 아헌은 총부冢婦, 즉 종부가 하는 것
으로 되어 있으므로 구암종가의 예법은 조선시대 사대부례의 원
칙을 잘 따르고 있다.

2) 제청祭廳 마련

현재 구암종가는 종가가 아닌 충렬재忠烈齋를 제청으로 활용

충렬재

하고 있다. 제관들이 제복을 갖추어 입은 다음, 병풍屛風·교의交
椅·제상祭床을 위치와 용도에 맞게 배치하면 제청이 마련된다.
북쪽을 향해 병풍을 펴고, 제상은 교의 앞에 놓는다. 제상 위에는
촉대燭臺를 놓고, 앞에는 배석을 깔고 향안香案을 놓는다. 그 위에
향로香爐와 향합香盒을 얹고 모사그릇[茅沙器]과 퇴주그릇[退酒器]을
놓는다. 향안의 왼쪽에 축판祝板을 두고, 오른쪽에 주가를 놓고,
왼쪽 모서리 부분에 관세위盥洗位를 놓으면 제청 마련이 마무리
된다.

3) 진설陳設

제수는 총 4열로 배치하는데, 제1열은 과일, 제2열은 나물과 전, 제3열은 탕과 도적, 제4열은 메와 갱, 면과 떡을 올리고 시접 및 잔반을 둔다. 진설을 마치면 주인은 제수가 제대로 배열되었는지, 정결함과 정성이 부족하지 않는지 등을 점검한다.

4) 출주出主

사당으로 신주를 모시러 가는 절차이다. 종손과 일부 집사자, 축관이 여기에 참여한다. 종손 이하 집사가 묘정에 서립한 다음 종손이 관수·세수한다. 축이 사당의 문을 열면 종손은 신위 앞에 나아가 꿇어앉는다. 이때 축이 출주고사를 읽는데, 그 내용은 아래와 같다.

지금 선조고先祖考 증자헌대부贈資憲大夫 이조판서吏曹判書 겸 지경연의금부사兼知經筵義禁府事 홍문관대제학弘文館大提學 예문관대제학藝文館大提學 지춘추관성균관사知春秋館成均館事 오위도총부도총관五衛都摠府都摠管 수강원도관찰사守江原道觀察使 겸병마수군절도사兼兵馬水軍節度使 행통정대부行通政大夫 홍문관부제학弘文館副提學 지제교知製敎 겸경연참찬관兼經筵

參贊官 춘추관수찬관春秋館修撰官 시문간공부군諡文簡公府君의
기일忌日에 감히 신주를 청사로 모셔 추모하는 마음을 펴고자
합니다.

축관이 축문을 다 읽으면 종손이 주독主櫝을 안고 가운데 문
으로 나와 제청으로 내려와 교의에 안치한다. 신주의 전면에는
봉사손의 친족관계·관품·관직·시호 등이 한 줄로 기재되어
있고, 그 옆에는 봉사손의 이름이 방제旁題되어 있다.

김취문 및 두 비위의 신주

5) 강신례降神禮

주인이 향안香案 앞으로 나아가 꿇어앉으면 좌우의 집사들이 향로香爐와 향합香盒을 받들어 주인이 분향할 수 있게 준비한다. 이것을 받은 주인은 세 번 향을 피운 다음 신주를 향해 두 번 절하는 것으로 분향례焚香禮는 마무리된다.

분향례를 마친 주인이 다시 신위 앞에 꿇어앉으면 전작집사奠爵執事가 고위 앞의 반잔盤盞을 내려 봉작집사에게 준다. 봉작집사奉爵執事가 그것을 주인에게 주면 사준집사司罇執事가 잔에 술을 따른다. 주인은 그 술을 받아서 모사기에 세 번 나누어 붓고, 빈

잔을 봉작집사에게 준다. 봉작집사가 전작집사에게 그 잔을 주면 전작집사는 그 잔을 다시 원래의 자리인 고위전에 놓는다. 이어서 주인이 신위를 향하여 두 번 절하면 참사자 전원이 신주를 향하여 두 번 절하여 강신례를 행한다.

6) 초헌례初獻禮

신주에 첫 잔을 올리는 절차이다. 초헌관은 종손이 하며, 짐주斟酒·전작奠爵·진적進炙·독축讀祝·재배 순으로 진행된다. 구암종가에서는 초헌 때 육적을 쓴다. 진적이 끝나면 축관은 종손의 왼쪽에서 축문을 읽는다.

유세차維歲次 을미삼월을축삭십팔일임오乙未三月乙丑朔十八日 壬午 십육대종손사익十六代宗孫思翼은 삼가 십육대조고十六代 祖考 증자헌대부贈資憲大夫 이조판서吏曹判書 겸지경연의금부 사兼知經筵義禁府事 홍문관대제학弘文館大提學 예문관대제학藝 文館大提學 지춘추관성균관사知春秋館成均館事 오위도총부도 총관五衛都摠府都摠管 수강원도관찰사守江原道觀察使 겸병마수 군절도사兼兵馬水軍節度使 행통정대부行通政大夫 홍문관부제 학弘文館副提學 지제교知製教 겸경연참찬관兼經筵參贊官 춘추 관수찬관春秋館修撰官 시문간공부군諡文簡公府君께 고하노니,

기일이 다시 돌아옴에 시간이 지날수록 느꺼워 길이 사모하는
마음을 이길 수가 없습니다. 삼가 맑은 술과 여러 가지 음식으
로 공경히 제사를 올리오니 흠향하시옵소서.

축문을 읽는 동안 주인을 비롯한 참사자들은 부복하여 대기
하고, 독축이 끝나면 주인은 일어나 두 번 절한다. 우집사는 적을
내리고, 좌집사는 반잔을 내려 주인에게 준다. 주인이 잔을 퇴주
기에 비우고 집사자에게 전달하면 집사자들이 고비위 앞에 다시
놓는다. 이로써 초헌례를 마치고 주인이 일어나 제자리로 돌아
오면 아헌례가 진행된다.

7) 아헌례亞獻禮 및 종헌례終獻禮

아헌례는 종부가 행하고, 종헌례는 참사자 가운데 나이가 많
고 덕망이 높은 사람이 행한다. 그 절차는 초헌례와 같다. 다만
초헌례에서 육적肉炙을 썼다면 아헌례에서는 계적, 종헌례에서는
어적魚炙을 쓰는 차이가 있다.

8) 유식례侑食禮

유식은 신에게 음식을 드시도록 권하는 절차이다. 술을 좀

더 드시라는 뜻에서 첨작하고, 음식을 자시라는 의미에서 숟가락
을 밥에 꽂은 다음, 축관이 문을 닫으면 종손 이하 모두 부복한다.

9) 합문閤門과 계문啓門

합문은 신이 마음 편하게 식사를 할 수 있게 문을 닫고 기다
리는 절차이다. 이때 제관들은 부복한 채로 구식경九食頃, 즉 밥숟
가락 아홉 번을 뜰 시간 동안 대기한다. 축관이 세 번 기침 소리
를 내는 '삼희흠三噫歆' 을 하는 것으로써 유식의 절차는 마무리
되고, 문을 열고 제청으로 들어가는 절차인 계문이 이어진다.

10) 사신례辭神禮

제사를 마치고 신을 떠나보내는 절차이다. 종손 이하 제관
들이 일어나 서립하면 차를 올리는 진다進茶가 진행된다. 우리나
라에서는 차 대신 숭늉을 사용하는데, 구암종가도 마찬가지이
다. 제상에서 국그릇을 내리고 숭늉을 올리면 축관이 메 그릇에
서 밥을 세 번 떠서 여기에 마는 것이다. 축이 수저를 내리고 메
뚜껑을 닫은 다음 동쪽을 향해 읍하고 '이성' 이라고 고하면 종손
이하 일제히 신주를 향해 두 번 절한다. 축관이 신주를 닫으면 집
사가 잔을 물리고 축관은 축문을 태운다. 축관이 신주를 모시고

사당으로 들어가면 봉촉과 집촉이 앞에서 인도하고 종손 이하 모두 따라가서 신주를 원자리에 모신다. 이어서 철찬을 하면 모든 예는 마무리된다.

제4장 유교문화경관:
학문 · 저술 · 교유 그리고 기림의 공간

1. 서산재西山齋:
들성가학坪城家學의 산실

　　김취성의 독서강학처인 서산재는 들성김씨 가학의 연수淵藪를 이루는 학술문화의 공간이다. 송당학松堂學을 자양분으로 삼은 들성가학은 이곳 서산재에서 치열한 연찬을 통해 시대가 주목하는 인문학人文學으로 성숙될 수 있었으니, 그 문향은 깊고 그윽했다.

　　김광좌의 맏아들로 태어난 김취성은 아래로 다섯 아우가 있었다. 그는 아우들에게 그냥 맏형이 아니었다. 선비가 지녀야 할 인격과 품성, 그리고 예법과 학문을 지도하는 스승이었다. 이런 모든 인도와 가르침이 행해진 곳이 바로 서산재였다. 막내아우 취빈과는 무려 20년의 터울이 있었으니 엄사嚴師가 따로 없었고,

엄한 가르침은 다섯 아우를 어디에 내놓아도 손색이 없는 지식인
으로 성장시키는 힘이 되었다. 서산재를 들성가학의 산실이자
본산으로 여겨야 하는 이유도 여기에 있다.

　김취성과 다섯 아우의 학자적 성장은 서산재의 존재감을 높
여 주었다. 일가의 문향이 고을 전체로 퍼져나갔을 때 많은 선비
들이 이곳을 찾았다. '글로써 벗을 모은다.'는 이문회우以文會友
란 바로 이런 것이었다. 특히 김취성과 박운이 사석에 앉았을 때
그 품격은 최고조에 달했고, 좌중에 있던 김취문은 이분들과 함
께라면 요순시대堯舜時代의 영광도 회복할 수 있다는 감동에 빠지

기도 했다. 김취문의 후손들이 김취성의 문집『진락당집眞樂堂集』의 편집·출판에 정성을 들인 것도 학은學恩에 대한 보답이었음은 두말할 나위가 없다.

김취성이 서산재를 언제 건립했는지는 자세하지 않지만 중종 연간인 16세기 초반이 아니었을까 싶다. 족히 한 갑자 동안 들성가학의 산실이자 선산의 대표적 학술문화공간으로 존재했던 서산재는 임진왜란으로 인해 소실되는 곡절을 겪었다. 이후 200년이 지난 1791년 들성의 김씨들은 십시일반으로 힘을 모아 서산재를 중건하는 한편, 그 옆에 김광좌와 그 아들 6형제를 제향하는 세덕사世德祠를 따로 지어 향화를 지폈다. 강당에서 울려퍼지는 글 읽는 소리에서는 김취성 당대의 문향이 재연되는 듯했고, 세덕사에 제향을 올리는 엄숙한 모습에서는 들성김씨네의 품위가 느껴졌다.

그러나 시련은 또 있었다. 서산재도 1868년에 단행된 대원군의 서원훼철령을 피해갈 수 없었기 때문이다. 이에 제단을 설치하여 7부자를 제향하다 1900년 건물을 다시 건립했고, 1942년과 2000년의 대대적인 중수를 통해 오늘에 이르고 있다. 들성김씨들은 반드시 지켜야 하는 것이 무엇인지를 아는 사람들인 것 같다.

2. 대월재對越齋: 구암심학久庵心學의 본산

　　김취문의 학자적 성장을 얘기하면서 빠트릴 수 없는 두 공간이 있다. 서산재와 대월재가 그곳이다. '들성가학'의 산실인 서산재가 백형으로부터 학문의 근기를 익힌 곳이라면 대봉산大鳳山 남록에 지은 대월재는 침잠沈潛과 함양涵養을 통해 학문의 숙성을 기한 공간이었다. 대월은 주자朱子가 지은 '경재잠敬齋箴'의 한 구절인 대월상제對越上帝, 즉 '상제上帝를 가까이 모신 듯이 언제나 그 몸과 마음에 불경함이 없게 한다.'는 데서 뜻을 취한 것이다. 여기서도 김취문의 학자적 진지성, 학문적 진정성을 발견할수 있다.

　　1543년 대봉산의 한 자락인 황산에 건립된 대월재는 군자의

대월재

장수유식藏修遊息 공간으로는 최적의 입지를 갖추고 있었다. 여기서 그는 스승 박영과 김취성으로부터 전수받은 학업을 더욱 정밀하게 다듬고 실천성을 보탬으로써 당대 제일의 학문을 이룰 수 있었다. 이 점에서 대월재는 '구암심학久庵心學'·'구암가학久庵家學'의 정신적 본산이었던 것이다.

임진왜란은 구암가문의 사람만 앗아간 것이 아니었다. 김취문 당대만하더라도 학인의 향기를 강하게 발산하며 16세기 중반 조선을 대표하는 학술문화공간으로 인식되었던 대월재도 전란을 피해가지 못한 채 잿더미가 되고 말았으니 말이다. 전란 이후

큰손자 김공의 학자적 성장으로 인해 선비집안으로서의 정신적 체모는 회복하였지만 경제적 측면에서 가세를 제대로 회복하기까지는 약간의 시간이 더 필요했다. 그리하여 대월재의 중건도 차일 피일 미루어지다 그 아들 세대인 김천金瀇 대에 이르러 마침내 집안의 현안 사업으로 대두되었다. 대월재 중건을 발론한 사람은 김공의 셋째 아들 김유金濡였다. 그는 종중에 건의하여 물력을 지원받아 중건을 진행하였는데, 그 제도와 규모는 화려하지도 옹색하지도 않는 불치불검不侈不儉의 수준을 유지했다. 이것은 구암공의 유지를 살린 것이었으니, '너의 조상에 욕됨이 없게 하라.' 는 '무첨無忝'의 정신을 철저히 따른 것이었다.

1667년 여름 대월재 중건 낙성식이 열렸다. 한 여름의 무더위에도 불구하고 친손은 물론 외손들까지 참여하여 행사를 빛내주었다. 이날 김유는 친지들을 대상으로 친목의 정을 다지는 '특별강연' 을 펼쳐 큰 박수를 받았고, 뭐가 그리 아쉬웠던지 모임을 파한 것은 서산에 해가 지고 밝은 달이 떠오르는 밤이었다고 한다.

김유에게 이날의 감동은 결코 잊을 수 없는 아름답고 뜻깊은 기억이 되었고, 마침내 붓을 잡아 대월재 중수의 연혁을 도도한 필치로 적었다. '대월재중수기對越齋重修記' 가 바로 그것이다. 이 글에서 김유는 대월의 의미처럼 상제를 대하는 마음으로 항상 조심스런 자세로 효제孝悌와 충신忠信을 근본으로 삼아 학문과 행실을 닦는다면 그것이야말로 구암의 정신을 올곧게 계승하며 집안을 창대하게 하는 것임을 강조하고 또 강조했다. 이처럼 대월재의 중수에는 어떤 어려운 상황 속에서도 선조의 정신을 제대로 이어나가고자 하는 간절한 마음이 담겨 있었는데, 명가의 정신유산은 바로 이런 것이있다. 이후 대월재는 구암가문의 가학과 가법을 계승·발전시키는 일문의 정신적 구심점으로 기능하다가 1868년 다시금 중수되어 지금에 이르고 있으며, 2002년 경상북도 유형문화재 제423호로 지정되었다.

3. 김종무金宗武 충신정려忠臣旌閭: 충혼忠魂에 대한 국가적 기림

1592년 임진왜란 때 사근도 찰방의 직함으로 상주전투에 참전하여 순절한 김종무의 충신정려이다. 김종무는 1591년 천거로 관직에 나아간 지 1년 만에 왜란이 발발했고, 순변사 이일의 진영에서 항전하다 장렬한 최후를 맞았다.

임진왜란 이후 선조는 논공행상을 시행하여 자신의 의주 피난행에 시종한 신료 86명을 호성공신扈聖功臣, 전장을 누비며 왜적과 싸운 군인 18명을 선무공신宣武功臣에 녹훈했다. 국가 상벌권의 부재라 할 만큼 누가 보더라도 균형이 맞지 않는 조처였다. 아무리 왕조국가라지만 임금이 가는 곳보다 더 안전한 곳은 없을진대 임금을 시종한 사람은 그토록 후하게 대접하고 목숨을 걸고

김종무충신정려

전쟁에서 싸운 군인은 이토록 박대하는 것은 전쟁보다 더한 핍박
일 수도 있었다. 세태가 이렇다 보니 김종무의 충절도 어느새 세
상 사람들의 기억에서 잊혀져 갔다. 손위 처남 류성룡이 『징비록
懲毖錄』에서 그의 사적을 지나치게 간략하게 기술한 것은 인척의
혐의 때문이었지만 그 또한 야속하기는 마찬가지였다.

　김종무가 순절한 지 한 갑자가 지나고도 20년의 세월이 더
흘렀지만, 조정에서도 사림에서도 김종무의 충절을 말하는 이가
없었다. 더 이상 기다릴 수 없었던 김취문의 증손자 김유金濡는
1675년 서울로 올라갔고, 숙종의 능행길을 가로막고 진정서를 올

렸다. 당시 숙종은 15세의 어린 나이였지만 의리를 아는 군주였기에 김유의 하소연을 외면하지 않았다. 이 충신정려는 이런 곡절을 통해 선산 땅 들성에 세워져 만고의 충절을 기리는 기념물이 되었다. 현재는 경상북도 기념물 제132호로 지정되어 국가의 보호를 받고 있다.

4. 낙봉서원洛峯書院: 송당학松堂學의 향기

낙봉서원은 1646년 김숙자·김취성·박운의 제향처로 건립되었고, 1702년 김취문과 고응척을 추배하였다. 봉안문·상향축문 등 창건 당시의 예식문자는 여문십철旅門十哲의 한 사람으로 일컬어지는 신열도申悅道(1589-1659)가 찬술했다. 낙봉서원은 금오金烏·월암서원月巖書院에 이어 선산에서 세 번째로 건립된 서원이며, 사액은 1787년에 이루어졌다.

길재吉再·김종직金宗直·정붕鄭鵬·박영朴英·장현광張顯光을 제향하는 금오서원이 길재를 정점으로 하여 송당학과 여헌학의 연합체적인 성격을 가졌다면, 김주金澍·하위지河緯地·이맹전李孟專을 제향하는 월암서원은 절의정신을 표상으로 하는 서원

낙봉서원

이었다. 이에 비해 낙봉서원은 송당학을 표방한 선산김씨 중심
의 서원이라는 점에서 또 다른 의미가 있었다. 제향 인물 가운데
김취성金就成 · 박운朴雲 · 김취문金就文은 송당학파의 핵심 학자들
로서 하은주夏殷周 시대의 사업을 꿈꾸었던 선각자들이었다.

1646년 김숙자 · 김취성 · 박운의 제향이 신열도 등 여헌학
파의 주관하에 이루어졌다면, 1702년 김취문 · 고응척의 추향에
는 갈암학파葛庵學派 인사들의 협력이 두드러졌다. 이것은 이 시
기를 전후하여 영남의 학계가 학봉 · 갈암학파 중심으로 편제되
어 가던 상황을 반영하는 것이기도 했다. 안동 출신의 갈암문인
권두인은 봉안문에서 김취문의 출중한 자질, 깊고 바른 학문, 충

성스런 관료의식, 금석같은 지조를 칭송해 마지않으면서도 끝내 그 학문을 적용하지 못한 아쉬움을 감추지 않았다. 이를 통해서도 김취문의 학문이 얼마나 시대정신을 잘 반영하고 있었는지를 알 수 있고, 또 그의 학문이 국가경영에 적용되지 못한 것을 사림들이 얼마나 애석해 했는지를 여실히 알 수 있다. 1702년(숙종 28) 김취문 추향 이후 낙봉서원은 구암가문 중심의 관리 및 운영체계를 유지했던 것 같다. 서원중건과 1787년에 이루어진 사액운동에 김취문의 자손들이 주도적인 역할을 담당했던 것도 이 때문이었다. 1787년 3월 18일 정조는 예조좌랑 강덕항姜德恒을 보내 '낙봉서원'이라 씌여진 편액과 제문을 내렸다. 1694년 월암서원月巖書院 사액 이후 선산 땅에는 무려 100년 가까운 세월이 지나서야 선액행사宣額行事가 이루어졌으니, 여간한 경사가 아니었다. 김취문의 자손 등 제향인물의 후손은 물론이고 온 선산 고을이 경축의 분위기에 빠져들었고, 영남 각처의 선비들도 축하의 기별을 보내왔다.

사시관賜諡官 강덕항이 승지 홍의호洪義浩가 지은 사제문을 읽어 내리기 시작했고, 언성이 김취문을 언급하는 대목에 이르렀을 때 구암가문 사람들은 벅찬 감동을 가눌 수가 없었다.

김취문은 그 학문이 정숙하기로는 진락당과 난형난제라 할 만했고 덕기는 혼후渾厚하였네. 퇴계의 존경하는 벗이었고, 어사대御史臺의 정직한 신하였도다.

—홍의호, 「낙봉서원에 사액할 때의 제문」

김취문이 서원에 제향되어 혈식군자血食君子의 반열에 오른 것은 1702년이었지만 이를 국가에서 공식 인정하는 자리에 서고 보니 감개가 무량했던 것이다. 그것도 자신들의 힘으로 이룬 결실이었기에 구암가문의 광영은 하늘을 찌르고도 남음이 있었다.

낙봉서원은 상덕묘尙德廟 · 집의당集義堂 · 거경재居敬齋 · 명성재明誠齋 · 세심재洗心齋 · 정교당正敎堂 · 양정문養正門 등으로 구성되었는데, 1871년 대원군의 서원정비령으로 훼철되었다가 1977년에서 1989년까지 수차례에 걸친 중건 과정을 거쳐 오늘에 이르고 있다.

5. 남강서원南岡書院:
여헌학旅軒學의 자취

　　남강서원은 1792년 김종무金宗武 · 김공金玒 · 김양金瀁 · 김경金㯳 · 박진경朴晉慶 등 5현의 제향처로 건립된 서원이다. 가문적으로는 선산김씨와 밀양박씨의 연대, 학문적으로는 송당학과 여헌학의 접목 현상이 두드러진다. 이들 5인은 송당학맥에 속하는 사람들이고, 김종무를 제외한 4인은 모두 여헌문인이다. 김공은 장현광의 애제자이고, 박진경은 장현광의 사위였으므로 남강서원은 선산지역 여헌학파의 구심점이 되기에 손색이 없었다.

　　김양은 김취문의 셋째 형 취연의 증손으로 한강 · 여헌 양문을 출입하였으나 여헌학파 쪽으로의 비중이 컸다. 장현광이 인동의 부지암서당不知巖書堂에서 강학할 때 입문했고, 발군의 재능

남강서원

이 있어 사문의 깊은 신뢰를 받았다. 효행이 뛰어나고 신의로써
벗을 사귀어 사림의 중망이 높았으며, 병자호란 당시 인조가 항
복했다는 비보를 듣고는 음식을 폐할 만큼 충분忠憤 또한 드높았
던 인물이었다. 김경은 김취문의 둘째 형 취기의 증손이다. 임진
왜란 때 피난처인 금오산 도선굴에서 12세의 어린 나이로 조부와
부모를 잃는 아픔을 겪었지만 여헌문하에서 수학하여 도량이 넓
고 행실이 바른 선비로 성장했다. 1617년에는 성균진사가 되었
고, 1627년 정묘호란 때는 창의·토적의 의분을 떨치기도 했다.
그 공로로 인해 의금부도사로 재직하는 과정에서 각종의 역모사건 주모자를 체포하여 소무공신昭武功臣·영사공신寧社功臣에 녹훈되었다. 이후 교하현감·함흥판관·호조좌랑 등을 역임할 때는 행정능력이 뛰어나고 청렴하다는 평판이 있었다.

박진경은 김취문의 스승격인 박운朴雲의 증손이다. 16세에 여헌문하에 나아가 수학하여 학행을 인정받았다. 1634년에 영숭전永崇殿 참봉에 임명되었고, 1636년 병자호란 때는 의병장 최현崔晛의 막하에서 격문을 작성하는 등 군무를 총괄할 만큼 식견이 뛰어났다. 이후 참봉·세자사부 등에 임명되었으나 일체의 관직을 마다하고 금오산 아래에 집을 짓고 학문에 열중하자, 사람들이 '와유당 선생臥遊堂先生'으로 칭송했다. 장현광의 유일한 사위로 세 아들도 여헌문하에서 수학하여 준재로 성장했다.

6. 백운재白雲齋: 효심으로 가꾼 일가의 학술문화공간

백운재는 1752년(영조 28) 김유수金裕壽가 김취문의 묘소가 있던 금오산 백운곡에 건립한 구암가문의 추모공간이자 강학처였다. '백운白雲'은 효도를 상징하는 말이므로 선대의 재실 명칭으로는 이만한 것도 없다. 김유수가 백운재를 통해 구현하고자 했던 것은 조상에 대한 추모와 자신의 학문적 성숙이었다. 무엇보다 그는 백운재의 건립을 통해 친퇴계적 입장을 강조하려는 마음이 컸다. 18세기 퇴계학파에서 상당한 위치를 점하고 있던 권상일權相一과의 교유를 돈독하게 했던 것도 이와 관련이 있다.

경오년(1750)부터 일을 시작하여 임신년(1752)에 이르러 집의

백운재

모양이 대략 갖추어져서 지낼 만하였다. 재사는 모두 8칸인데 왼쪽 2칸은 주방과 부뚜막이고, 중간 4칸은 방이며, 오른쪽 1칸은 협실이고, 또 1칸 규모의 작은 마루방을 만들었다. 이를 합하여 백운재白雲齋라 편액하였으며, 지명을 따라 이름을 붙였으니 퇴계 선생의 수곡암樹谷庵과 같다.…일감당一鑑塘의 왼쪽에 우물이 솟아 물맛이 매우 좋으므로 참람되게 도산陶山 몽천蒙泉의 이름을 적용하였다.

— 김유수,『만와집』권1,「백운재기」

백운재의 작명을 이황의 수곡암樹谷庵 고사에 비기고, 샘을 몽천蒙泉으로 명명하면서까지 '퇴계경모의식'을 표출했던 것은

18세기 중반 구암가문의 학문적 지향성과 관련하여 시사하는 바가 컸다.

금오산은 길재의 의리정신이 깃든 곳인데다 김취문의 묘소와 김공의 유적인 욕담까지 있었으므로 구암가문으로서는 성산聖山에 비길 만한 의미로운 공간이었다. 이에 김유수는 이곳을 자신의 만년 독서·강학처로 삼을 요량으로 백운재 한 켠에 '만산와晩山窩'라는 편액을 걸고 집안 자제들을 교육했다.

백운재에 대한 김유수의 정성은 각별했다. 백운재의 문을 영취문映翠門이라 한 것은 취삼翠杉과 창송蒼松이 울창했기 때문이고, 일감당一鑑塘이란 못을 파고는 연꽃을 심어 운치를 더했다. 몽천 위 조그마한 언덕에는 작은 정자를 지어 매죽송국梅竹松菊을 심으려 했지만 여력이 없어 풍운대風雲臺라는 이름만 붙여두었고, 백운재 옆 총죽이 빽빽한 곳은 성심대醒心臺라 명명하고 휴식의 공간으로 삼았다. 그 앞으로 시야가 탁 트인 곳에 위치한 망운대望雲臺는 계곡의 풍광을 완상하는 멋진 조망대가 되었다. 그런 다음 계곡으로 들어오는 입구의 큰 돌에 '백운곡白雲谷'이란 글씨를 써서 이곳이 구암가문의 공간임을 천명해 두었다.

그가 이토록 백운재에 정성을 들인 본심은 풍광에 대한 애착 때문만도 아니고 노년을 한가롭게 즐기기 위함도 아니었다. 그가 정녕 염원했던 것은 구암가문 구성원 모두가 조상에게 욕됨이 없는 자손이 되는 무첨無忝의 마음이었다. 무첨의 마음은 부모를 잘 봉양하는 효도에 국한되는 것이 아니라 건실한 사회의 역군이 되어 제 몫을 다하는 데 궁극적인 목표가 있었다. 결국 김유수는 조상을 위하고 미래의 자손들을 면려하기 위해 백운재를 지었고, 또 정성을 들인 것이었다. 이후 백운재는 200년 세월을 거치면서 풍우에 훼손되었다가 1968년 후손들에 의해 중건되어 오늘에 이르고 있다.

제5장 종가의 일상과 가풍

1. 종가의 일상: 종손 · 종부의 삶

1) 종손 이야기

구암종손 김사익金思翼 선생은 1951년 신묘생辛卯生이니, 우리 나이로는 66세가 된다. 옛날 같았으면 상노인 소리를 들을 나이지만 오히려 청년 느낌이 날 만큼 건강해 보인다. 아마도 자기관리에 철저한 분인 것 같다.

종손은 넉넉하지는 않지만 성품이 곧고 바른 부모님 밑에서 철저한 '종손교육'을 받고 자랐다. 아버지는 어려운 살림에도 '이익을 보면 의를 생각하라'는 견리사의見利思義의 선비정신을 주입시켰고, 절대 종중 재산에 마음을 두지 말라고 경계했다. 특

종손 김사익 사진

히 '열심히 노력해서 얻는 깨끗한 재산, 즉 정재淨財를 가지고 형
제나 주변 사람들에게 베풀며 살라.'고 한 일상의 훈계는 종손의
인격 및 경제관념의 형성에 많은 영향을 미쳤을 것이다.

이런 가르침은 종손의 뇌리에 강하게 남아 지금도 그는 문중
에 손을 내밀지 않고 필요한 일들을 자신의 돈으로 한다고 한다.
재산을 사이에 둔 종손과 지손 사이의 다툼은 뉴스꺼리조차 되지

않는 작금의 세태를 고려할 때, 눈여겨볼 대목이 아닐 수 없다.

종손의 아버지 김석조는 문한가文翰家의 전통을 꼿꼿하게 지킨 선비였다. 조상에 대한 향념은 열일烈日처럼 뜨거웠고, 구암종손으로서의 자부심도 매우 컸다. 비록 생전에 이루지는 못했지만 묘우와 종택의 복원을 갈망했던 것은 종손으로서의 자부심과 책무감의 소산이었으리라.

어머니에 대한 종손의 기억은 더욱 살갑다. 종손의 어머니는 상주 낙동의 풍양조씨 집안의 조성렬趙誠烈이라는 분의 따님으로 이름은 정희丁熙였다. 이른바 '검간선생黔澗先生'의 후손이었으니, 영남에서 알아주는 양반집 자손이었다. 당시만 해도 구암종가와 같은 곳에 종부로 시집온다는 것은 개인의 영광이요 집안의 자랑거리였다. 그리하여 부유한 집안에서 곱게 자란 분이 가난한 종부의 길을 흔쾌히 받아들였던 것이다.

하지만 현실은 녹록치 않았다. 종손인 지아비는 종중 일로 집안을 돌볼 겨를이 없었다. 따라서 집안살림은 고스란히 그녀의 몫이 되었다. 2남 3녀를 키우며 직접 농사까지 지었으니 그 고충이 얼마나 컸는지는 쉽게 짐작이 간다. 늘 들에서 일을 하다 보니 새색시 시절의 단아한 모습은 사라지고 어느새 강한 여장부로 변해 있었지만, 아들에게만은 한없이 따스한 사람이었다. 지금도 종손은 학창시절 고향에 다니러오면 들에서 고추를 따시다가도 반갑게 맞아주시던 어머니의 포근한 모습을 잊을 수가 없다고 한다. 그리고 워낙 고생만 하시다 돌아가셨기에 어머니만 생각하면 일흔을 바라보는 나이에도 금세 눈시울이 붉어진다.

종손에게는 가슴 속에 묻어둔 한 가지 한恨이 있다. 대학을 가지 못했기 때문이다. 공부를 못해서가 아니라 시험에 합격하고서도 돈이 없어서 진학을 못한 것이다. 빠듯한 살림살이다보니 자식의 대학 진학보다는 봉제사·접빈객을 더 중시했던 시대로부터 희생을 강요당한 것이었다.

김사익 선생이 종중 행사에 참여하며 종손으로서의 역할을 배우기 시작한 것은 제대 이후인 1978년부터였다. 이때 그의 나이 28세였다. 이 무렵 아버지가 편찮으셔서 활동이 어려워지자 차종손으로서 묘사 등 문중행사나 서원 향사에 참여하며 '종손 수업'을 시작했다. 1980년에 아버지가 돌아가시고부터는 어엿한 종손으로서 종사를 살핀 지가 어느새 40년의 세월이 흘렀다. 종손은 대구에서 사업을 해서 경제적으로도 자못 여유로운 편이라 한다. 구암종가가 200년 만에 가난을 면했다고 생각하면 감개무량하다 못해 비감한 생각까지 들게 한다. 하지만 그의 재산은 열심히 노력해서 모은 것이므로 정재라 할 수 있었고, 이것은 또 아버지의 가르침을 따른 것이었으니, 효자가 따로 없었다.

이처럼 그는 아버지에게는 더없이 훌륭한 효자였고, 구암공에게는 한없이 든든한 효손이었다. 종손으로서 가장 보람된 일이 무엇이었는지를 질문했을 때, 스스럼없이 나온 말이 구암공의 불천위 신위를 복원한 것이라 했다. 6대조께서 세 살 적에 아버님을 여의는 집안의 참화를 당하여 8대조 할머니 창녕조씨와 7대조 할머니 풍양조씨께서 고육지책으로 선택하신 '매주埋主'를 200여 년 만에 자신의 시대에 회복하였으니, 종손으로서 이보다 더 보람된 일도 없을 것이다.

구암종가의 종손 역할을 수행하는 것은 쉬운 일이 아니다. 권한은 적고 의무는 많기 때문이다. 구암종가의 가장 중요한 행사인 문간공文簡公 불천위 제사는 문중에서 주관하게 되어 큰 부담을 던 것도 사실이다. 김사익 선생은 종손이라고 해서 집안의 굴레 속에 너무 가두어 두면 자기발전에 지장이 있다고 생각하고 있다. 모름지기 자신도 종손이 아니었더라면 여가 생활도 좀 더 여유롭게 즐겼을 것이고, 사업도 더 크게 확장했을 것이라는 아쉬움이 크다.

종중에 대한 섭섭함, 종중의 미래에 대한 파격적 제안에도 불구하고 그는 천생天生 구암종손이었다.

종손으로서의 바람은 불천위 선조인 구암공의 청백리 정신과 판서공의 충신忠信 사상을 잘 이어받아서 선비정신을 실천하는 종가로 유지되는 것이지요.

결국 그의 본심은 이런 것이었다. 그는 구암가문이 청백과

충신의 가풍을 면면히 계승·발전시키는 선비집안의 전통을 잘
지켜나가기를 누구보다 간절히 바라고 있다.

2) 종부 이야기

구암종부 류옥하柳沃夏씨는 친정이 안동 하회마을이다. 서애
선생의 후손으로서 구암종가에 시집을 왔으니, 구암종가로서는
김종무 이후 하회의 풍산류씨와 가진 두 번째 혼사인 셈이다.
400년 전에 맺어진 세의가 아직도 지속되는 것을 보면 양반가의
전통은 참으로 끈끈한 구석이 있다.

종부의 친정아버지는 청렴결백하고 대쪽같은 성품을 지닌
선비였고, 충청도 옥천의 봉화금씨 집안에서 시집온 어머니는 온
화하고 여성스러운 분이었다. 특히 어머니로부터 물려받은 부지

하회 충효당

런하고 깔끔한 성품은 구암종부로서 살아오는 데 많은 도움이 되었다고 한다.

대구에서 직장생활을 하던 그녀에게 혼담이 들어온 것은 스물여섯 살 때였다. 어느 날 아버지께서 "종가에서 청혼이 들어왔는데, 어찌 생각하느냐?"라고 물으시길래 "아버지 좋으시면 가야죠."라고 대답했다. 1970년대 후반에도 이런 대답이 나온 걸 보면 종부가 될 사람의 운명은 타고나는 것인가 보다. 물론 친정어머니는 무척 반대하셨다고 한다. 아무리 종가라도 가난한 집에 딸을 보내고 싶지 않았던 것이다. 반면 아버지는 구암종가 종부 자리를 놓치고 싶지 않아서 출가를 종용했고, 무엇보다 본인이 원했던 터라 혼사가 이루어졌다.

처음 시집왔을 때 시어머니 풍양조씨는 이런 당부를 했다.

종부로서 모든 사람들을 친절히 대하고 웃어른을 존경하고 아랫사람들에게 모범이 되도록 행동해야 한다. 늘 마음을 넓게 쓰고 참고 지내고 사람들을 잘 포용해야 한다.

요즈음으로 치면 공경과 포용, 그리고 인내의 리더십을 가르친 것이다. 종부가 보기에 시아버지는 온화한 성품에 술도 안 하셨지만 시어머니는 우선 풍채가 커서 다소 무서웠을 뿐만 아니라 성격이 급하고 언어도 직설적인 편이라 처음에는 부담이 되었던

종부 풍산류씨 사진

것 같다. 하지만 시어머니도 속정은 깊은 분이었고, 돌아가실 때까지 종부가 모셨다.

시집와서 한동안은 시골생활을 했다. 처음에는 적응이 어려워 애를 먹었고, 먹거리가 변변찮아 손님이 오면 닭을 잡아 상을 차리는 일도 만만치 않았다. 무엇보다 낯선 시집 사람들과 성격을 맞춰 지내는 것이 여간 어렵지 않았다고 한다. 그러나 이런 생활은 그리 오래 가지 않았다. 시골생활을 한 지 2년 만에 시아버지께서 별세하시면서 시어머니를 모시고 구미 시내로 나와 아파

트 생활을 했기 때문이다.

어느 종가든 종부의 가장 중요한 역할은 제례이다. 구암종가의 경우 불천위 제사는 문중에서 주관하므로 참사參祀만 하면 되지만 4대봉사는 고스란히 종부의 몫이다. 제수는 손수 마련하며, 명절의 경우 20-30명이 먹을 음식을 차려야 하지만 워낙 숙련된 탓에 전혀 어려움이 없다고 한다.

시아버지께서 돌아가셨을 때 1년 동안 상식하고, 시어머니께서 돌아가셨을 때 100일 동안 상식하며 삭망제를 지낸 것은 지금 생각해도 보람된 일로 여기고 있다. 종부를 두고 집안 사람이 효부라 일컫는 데에는 그만한 이유가 있었던 것이다. 또 친지들이 '종부'로 예우하며 격려의 말을 해 줄 때 종부로서의 큰 자부심을 느낀다고 한다. 본디 인간은 자신의 존재를 인정받을 때 가장 행복해지는 법이다.

구암종부 풍산류씨는 남의 말을 들을 줄 아는 경청敬聽의 미덕과 때로 화가 나더라도 참을 줄 아는 인내의 덕목을 지닌 사람이며, 또 그것을 자녀들에게 가르치는 덕스러운 안주인이다. 어찌 보면, 이것은 수많은 지손을 거느린 큰집사람이라면 누구나 갖추어야 할 덕목이겠지만 그것이 말처럼 쉽지는 않다. 종부의 삶의 철학인 경청과 인내의 가르침이 구암종가의 또 하나의 가풍이 될지도 모를 일이다.

2. 종가의 가풍: 과거에서 현재까지

　　화의군의 절의정신은 그 자손들이 어려운 여건 속에서도 지조를 유지하는 정신력의 원천이 되었고, 교육입가教育立家에 바탕했던 김광좌의 치가 방침은 들성김씨가 학문을 통해 도약하는 바탕이 되었다. 여기에 김취문이 지향했던 학문·의리·지조·청렴의 가치와 김종무의 충절이 보태지면서 구암가문은 조선이라는 유교사회의 지향과 가치에 부합하는 집안을 이룰 수 있었다. 즉, 구암가문은 송당학과 여헌학을 자양분으로 삼아 16~17세기 조선의 리더로 부상했던 것이다. 이후 구암가문을 관통하는 가풍·가법은 이것의 올곧은 실천과 발전에 초점이 맞춰졌고, 그 교량적인 역할을 담당했던 인물이 학문과 행의로써 사림의 신망을 받았던 김공이었다.

　종가의 연산 이주와 가세의 급속한 위축과 경제적 빈곤 속에서도 학문에 힘쓸 수 있었던 근기根基, 처신에 있어 조금의 구차함도 떨쳐버리며 그들만의 자긍심을 꼿꼿하게 지킬 수 있었던 것도 김취문·김종무·김공 3대가 다져놓은 정신유산이 도도하게 흐르고 있었기 때문이었다. 가난하고 어려울 때의 삶의 양태에는 그 사람과 그 집안의 본질이 투영되는 경우가 많다. 구암종가 사람들은 그런 시기를 구김살 없이 보냈으니, 그 가법과 가풍의 견고함을 족히 알 만하다.

　종손의 선인先人 김석조가 '일체의 종물을 탐하지 말고 정재淨財를 모아 세상을 위해 쓰라.'고 한 당부 속에는 400년 전 김취문의 정신세계가 녹아 있었고, 그 뜻을 올곧게 받들고 있는 종손 사익의 면모 속에는 각고의 노력을 통해 집안을 다시 일으키려 했던 욕담공의 의지가 엿보인다.

　큰 강이 어찌 한 순간에 마를 수 있겠으며, 큰 산이 또 어찌 일순간에 허물어질 수 있겠는가? 구암종가 사람들은 500년 전통을 자랑하는 뿌리 깊은 집안의 주인들이고, 선조들이 남긴 정신유산의 골수骨髓를 한시도 잊은 적이 없는 사람들이기에 21세기를 선도하는 종가문화의 주인공으로서 그들의 역할을 기대해 볼 만하다.

참고문헌

『조선왕조실록』.

『승정원일기』.

『선산김씨대동보』, 선산김씨대종친회, 2006.

『선산김씨세적』, 선산김씨대종친회, 2003.

金玒, 『浴潭集』(국역 『元堂世稿』(2) 所收, 善山金氏元堂公派宗親會, 2004)

金夢華, 『七巖集』(국역 『元堂世稿』(2) 所收, 善山金氏元堂公派宗親會, 2004)

金聖鐸, 『霽山集』(韓國文集叢刊 206, 民族文化推進會)

金裕壽, 『晩窩集』(국역 『元堂世稿』(2) 所收, 善山金氏元堂公派宗親會, 2004)

金就文, 『久庵集』(藏書閣圖書 no. D3B-832A)

金就文, 『久庵集』(韓國文集叢刊 續2, 民族文化推進會)

金亨燮, 『茅山遺集』(국역 『元堂世稿』(2) 所收, 善山金氏元堂公派宗親會, 2004)

柳雲龍, 『謙菴集』(韓國文集叢刊 49, 民族文化推進會)

柳成龍, 『西厓全書』(西厓先生紀念事業會, 1991)

柳成龍, 『西厓集』(韓國文集叢刊 52, 民族文化推進會)

李萬敷, 『息山集』(韓國文集叢刊 178-179, 民族文化推進會)

盧尙樞, 『盧尙樞日記』(國史編纂委員會, 2005)

김성우 · 설석규 · 김학수 · 정치영 · 최원석 · 배영동, 『구암 김취문과 선산김씨의 종족 활동』, 형설출판사, 2010.

김성우, 「15, 16세기 사족층의 고향 인식과 거주지 선택 전략」, 『역사학보』 198, 역사학회, 2008.

김학수, 「17세기 嶺南學派 연구」, 한국학중앙연구원 한국학대학원 박사학위논문, 2008.